Co 基 Heusler 合金自旋电子极化输运及异质界面性质研究

Spin-electron Polarization Transport and
Heterogeneous Interfacial Properties of
Co-based Heusler Alloys

李 杨 著

北 京

冶 金 工 业 出 版 社

2021

内 容 提 要

本书介绍了基于密度泛函理论（DFT）的第一性原理计算在材料科学中的应用，结合非平衡格林函数（NEGF）方法，特别适用于磁性自旋极化输运中的理论模拟应用场景。全书共分为 7 章，主要内容包括绪论、密度泛函理论和第一性原理计算方法、电极材料稳定性研究、磁电阻结在不同异质界面下的能态特征及其自旋极化输运性质、电极材料的能带结构特征对磁输运的性能影响等。研究对象集中在 Co 基 Heusler 合金，具体包括 Co_2YZ（$Y=Sc$, Ti, V, Cr, Mn, Fe；$Z=Al$, Si, Ge, Ga）等在内的多种合金，试图厘清影响磁电阻结特性的潜在因素并分析其机理，以期用较少的投入实现对 Heusler 合金自旋阀器件性能提升的技术性突破，同时也为设计高质量的信息存储器件提供理论先导。

本书主要为高等院校研究生、高年级本科生、科研工作者和行业相关的其他读者阅读参考。

图书在版编目（CIP）数据

Co 基 Heusler 合金自旋电子极化输运及异质界面性质研究/李杨著. —北京：冶金工业出版社，2021.10

ISBN 978-7-5024-8940-3

Ⅰ.①C… Ⅱ.①李… Ⅲ.①格林函数—应用—金属间化合物结构—研究 Ⅳ.①O76

中国版本图书馆 CIP 数据核字（2021）第 199370 号

出 版 人 苏长永

地 址 北京市东城区嵩祝院北巷 39 号 邮编 100009 电话 (010)64027926
网 址 www.cnmip.com.cn 电子信箱 yjcbs@cnmip.com.cn
责任编辑 夏小雪 张 丹 美术编辑 吕欣童 版式设计 禹 蕊
责任校对 葛新霞 责任印制 李玉山
ISBN 978-7-5024-8940-3
冶金工业出版社出版发行；各地新华书店经销；三河市双峰印刷装订有限公司印刷
2021 年 10 月第 1 版，2021 年 10 月第 1 次印刷
710mm×1000mm 1/16；7.75 印张；126 千字；116 页
52.00 元

冶金工业出版社 投稿电话 (010)64027932 投稿信箱 tougao@cnmip.com.cn
冶金工业出版社营销中心 电话 (010)64044283 传真 (010)64027893
冶金工业出版社天猫旗舰店 yjgycbs.tmall.com
（本书如有印装质量问题，本社营销中心负责退换）

前　言

　　基于密度泛函理论（DFT）的第一性原理计算，因其自身优势和特点，在原子分子尺度理论模拟中具有较高的可靠性和运行效率，并能保持良好的精度，成为理论工作者研究微观粒子运动规律及预测宏观物理性质的有力工具。借助这个数学工具不仅能够有效降低研究成本，还有助于理解原子分子水平上的某些微观机理。由于描述电子传播行为的非平衡格林函数（NEGF）能够将电子散射与传播有机联系起来，且在不求解波函数的情况下可直接计算体系的输运性质，因此 NEGF 方法成为处理非平衡条件下电子散射及输运问题的常用手段。结合 DFT 与 NEGF 这两大数学工具可对物理学上的巨磁电阻现象开展相应理论研究。

　　利用电子自旋属性的新型自旋电子学器件，例如各种巨磁电阻/隧穿磁电阻传感器、巨磁电阻隔离器、巨磁电阻/隧穿磁电阻硬盘读出磁头、磁电阻随机存储器以及自旋晶体管等，与仅利用了电子的电荷属性的传统微电子学器件相比，因能耗更低、存储能力更强而备受关注。作为半金属材料家族中的重要成员，Co 基 Heusler 合金因具有高自旋极化率、高居里温度等特点而被视为具有潜力的磁电阻结电极材料。然而，在实际中 Co 基 Heusler 合金磁电阻结器件表现出来的性能并不太理想。为弄清实测值与理论期望存在较大差距的原因，借助上面所提到的两大数学工具（即 DFT 和 NEGF 方法），开展了对典型的 Co 基 Heusler 合金磁电阻结异质界面特征及自旋极化输运的基础研究，力图从理论上探究问题根源所在，并为发展高性能磁电阻结材料提供可靠的解决方案。

本书选取了包括 $Co_2YZ(Y=Sc, Ti, V, Cr, Mn, Fe; Z=Al, Si, Ge, Ga)$ 等合金为研究对象，利用密度泛函理论和非平衡格林函数方法，系统地研究了由这些合金为电极材料所构成的 $Co_2YZ/Al/Co_2YZ$ 及 $Co_2YZ/Ag/Co_2YZ$ 等自旋阀三层膜结构的极化电子输运性质。除此之外，还着重关注了 Al/Co_2YZ 及 Ag/Co_2YZ 等不同材料所构成的异质界面的能带特性。

本书受重庆青年职业技术学院资助，由航空与汽车学院副教授李杨博士撰写。由于作者水平有限，书中不妥之处在所难免，敬请广大读者批评指正。

作　者

2021 年 7 月

目　　录

1 绪　　论

　　随着半导体微电子器件设计理念与制造工艺不断朝着微小化的方向发展，纳米电子学代表着微电子学的发展趋势，将成为下一代电子科学与技术研究的基础。为此，人们需要发展一套合适的理论框架以便在原子尺度范围内定量地预测纳米体系中的本征量子输运性质。纳米电子学系统的量子输运性质首先跟原子结构密切相关，另外对外界环境尤其是化学环境也非常敏感，而且纳米电子学器件主要是在非平衡条件下工作。在这样的特定背景下，有必要寻找合适的方法来处理非平衡状态下的纳米器件电子输运问题。

　　在凝聚态物理和材料物理学中，最为流行的原子尺度下的计算方法是基于密度泛函理论的第一性原理计算，而处理量子输运的基本方法则是基于非平衡格林函数理论和散射矩阵理论的科学计算，这些方法已发展成熟且相互联系紧密。在对纳米体系非线性及非平衡条件下的量子输运性质预测中，需要依靠密度泛函理论预测其电子结构、磁性等性质，然后在密度泛函理论计算结果的基础上通过非平衡格林函数理论或散射矩阵理论预测其量子输运性质。目前，这些方法已经应用在半导体太阳能电池、纳米线场效应晶体管、磁隧道结、磁性随机存储器、自旋泵、自旋轨道耦合传感器及热电元器件等纳米电子学器件的理论与实践中。

　　利用密度泛函理论和非平衡格林函数理论对纳米器件开展第一性原理计算是当前一个非常具有前沿性和应用性的研究方向。本书将着重讨论密度泛函理论和非平衡格林函数理论在量子输运中的实际应用。作为绪论，第 1 章首先概述了密度泛函理论和非平衡格林函数理论的基本思想，然后简要介绍了自旋电子学的创立与发展历程，接着介绍了自旋电子学领域中一种重要的高自旋极化材料——具有半金属性质的 Co 基 Heusler 合金的基本情况，并对利用 Co 基 Heusler 合金为电极材料的磁电阻器件研究现状进行了阐述，最后提出了本书的目的和内容。

1.1　密度泛函理论概述

1.1.1　密度泛函理论的创立与发展

我们知道，微观粒子的运动规律可以通过使用薛定谔方程来描述。在非相对论情况下，多电子体系的状态波函数依赖于 $4N$ 个变量，N 代表电子数，而每个电子包含了 3 个空间变量和 1 个自旋变量，因此其复杂程度随体系电子数的增加呈幂级数程度增加。相比而言，体系的电子密度却仅仅依赖于三维空间变量，在实际应用上将可以大大减小计算的工作量。密度泛函简单地说就是以电子密度函数构成的函数。密度泛函理论（Density Functional Theory，DFT）是由 P. Hohenberg 与 W. Kohn 在 1964 年正式提出的处理多体问题的科学理论[1]。他们用这套理论成功预测了在晶格势作用下非均匀电子气系统的基态，而这项工作也奠定了"第一性原理"（First-Principles）的基础。DFT 的一大优点便是它提供了第一性原理的计算框架。在这个框架下可以发展各式各样的计算方法，如 LDA、GGA、meta-GGA、hybrid 等方法。在 1965年，Kohn 与 Sham 使用局域密度近似（LDA）得到 DFT 方法中最为关键也是最难得到的交换关联势的泛函形式[2]。至此，DFT-LDA 成了求解固体能带结构的一个非常重要的手段。在对 LDA 交换关联势的改进过程中，人们提出了一些针对不同体系的解决方案，例如：针对半导体激发态的 sX-LDA 方法、针对强关联体系的 LDA+U 修正，以及针对原子/分子/固体激发态的含时密度泛函理论（TDDFT）等。能否找到体系能量作为电子密度的泛函形式是应用DFT 方法的一个关键环节，而将多电子体系的交换关联能表示为电子密度的泛函又是该环节的一个核心问题。Lars Hedin 在 1965 年提出了针对电子气的所谓 GW 方法，为克服上述难题向前迈进了一大步[3]。后来 Hybertsen 在 1986年发展了该方法，发现在半导体和绝缘体禁带宽度的计算结果与实验数据吻合得很好[4]。2004 年 Sergey V. Faleev 和 Mark van Schilfgaarde 提出了所谓的准粒子自洽 GW 方法，该方法消除了经典 GW 方法中的某些近似，使得计算结果更为准确而可靠[5]。关于 DFT 在计算量子化学领域的地位，我们在时间上可以看出其变化：在 1987 年以前，主要还是用 Hartree-Fock 方法（HF）；1990~1994 年，选择 DFT 方法的论文数量已同 HF 方法并驾齐驱；而在 1995年以后，采用 DFT 的工作继续以指数律增加，现在已经大大超过用 HF 方法研究的工作。W. Kohn 也因密度泛函理论的创始人身份而获得 1998 年的诺贝尔奖,从另一方面也证实了密度泛函理论所具有的重要地位和获得的广泛认同。

图 1.1 是关于"密度泛函"或"DFT"作为主题关键词在 1975~2014 年区间由 Web of Science 核心合集收录的论文的数量递增情况[6]。可以看出随着时间的推移,发表的相关论文数量的增幅是惊人的,说明基于密度泛函理论的计算是得到普遍认同,并且对其重视程度也越来越高。

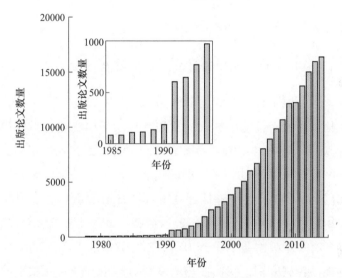

图 1.1 以"密度泛函"或"DFT"为主题词的论文数量随时间递增的变化情况[6]
(内插图显示的是在 1990 年附近出现的较大增福情况)

1.1.2 密度泛函理论的研究方向

前面我们已经了解到密度泛函理论取得了巨大的成功,而其成功之处就在于为泛函的最小化提供了合理的近似。目前,对密度泛函理论相关的研究仍在进一步深入,其主要研究方向大致可以分为以下 3 类:

(1)密度泛函理论体系的发展。这主要是针对该理论本身的研究,比如,寻找体系基态性质(动能、交换关联势)作为电子密度分布泛函的精确形式(或尽可能精确的近似形式);再一个就是对密度泛函理论内涵的拓展。

(2)对密度泛函理论数值计算方法的发展。这里主要涉及对现有计算方法的改良、提出新方法以及对计算程序的优化。我们在前面已经提到,随着体系电子数量的增加，计算工作量也随之迅速增加。发展高效率的计算方法和相关程序对处理对原子数量较多的大体系是非常重要也是必要的。

（3）密度泛函理论在各学科中的应用研究。随着计算机硬件水平的提高，强劲的中央处理器运算能力与巨大的内存交换速度使得依靠密度泛函理论来计算复杂体系的各种物理和化学性质成为可能，其计算精度也能得到相应的保障，满足了物理学、化学、材料科学、生命科学以及药物化学等领域相关研究工作者对理论预测的需求。

1.1.3 密度泛函理论在数学物理中的应用[7]

1.1.3.1 利用密度泛函理论计算表面吸附能

在表面科学领域中利用密度泛函理论的一个典型的实际应用是用 DFT 模拟计算真实体系中吸附过程中的表面覆盖效应。下面我们将举例说明如何理解 H 原子是怎样结合在 Cu(100)表面上的。在图 1.2 中，给出了几个 H 原子吸附在 Cu 单质（100）上的例子。如图 1.2（a）、（b）和（d）所示，它们的 H 原子覆盖率从 1ML 逐步降低到 $0.5\sim0.125$ML，我们把这些覆盖层叫作（1×1）、c(2×2)和 c(4×4)。字母 c 表示"Central"，即在这个超晶胞中心处以及边角处各有一个吸附质原子。为研究对于这些覆盖率不同的情况下各自对应的吸附能是否有区别，我们使用密度泛函理论分别对几种不同的覆盖率进行了计算。计算得到 H 原子在 Cu(100)上孔穴位的吸附能结果见表 1.1。通过对比表 1.1 中数据我们可以看到，吸附 H 原子之间的空间越大，所对应的吸附能将有所降低。

图 1.3 给出了在 FCC(111)表面上的一些覆盖层范例。覆盖层名称中的 p 代指覆盖层单胞是原胞（Primitive）。跟开放（100）表面的相比，密排（111）表面上完全覆盖的单原子（分子）层覆盖率在能量上是较不优先的，因为吸附质会被迫非常靠近。

1.1.3.2 利用密度泛函理论分析过渡态

下面我们以一个 Ag 原子在 Cu(100)表面的扩散过程的简单例子来定性说明密度泛函理论在分析研究过渡态中的应用（一维情况）。如图 1.4 所示，以俯视图和侧视图显示的顶位、空位和桥位 3 种不同的位置，它们分别表示

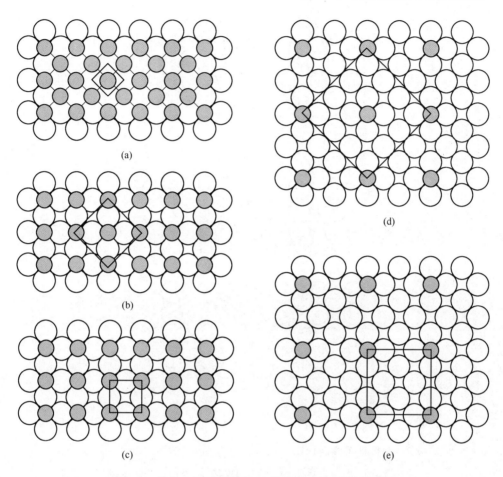

图 1.2 几个 H 原子吸附在 Cu 单质（100）上的示意图

（a）覆盖率为 1ML 的 c(1×1) 序列；（b）覆盖率为 0.5ML 的 c(2×2) 序列；（c）与（b）相同的
覆盖层，但（c）所构建的超晶胞较小；（d）覆盖率为 0.125ML 的 c(4×4) 序列；

（e）与（d）相同的覆盖层，但（e）所构建的超晶胞较小

（空白圆圈指 Cu 原子，灰色圆圈指吸附质 H 原子，线框表示超晶胞）

表 1.1 H 在 Cu(100) 上 3 种不同覆盖层的吸附能

项　　目	(1×1)	c(2×2)	c(4×4)
H 原子覆盖率/ML	1.00	0.50	0.125
$\frac{1}{2}H_2$ 的 $E_{(ads)}$/eV	−0.08	−0.11	−0.19

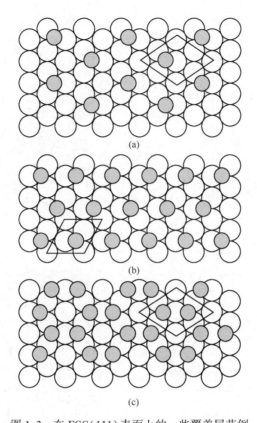

(a)

(b)

(c)

图 1.3   在 FCC(111)表面上的一些覆盖层范例

（a）覆盖率为 0.25ML 的 p(4×4) 序列；（b）覆盖率为 0.333ML 的（$\sqrt{3}×\sqrt{3}$）序列；

（c）覆盖率为 0.5ML 的 p(2×2) 序列

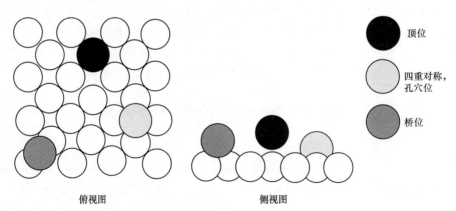

顶位

四重对称，
孔穴位

桥位

俯视图   侧视图

图 1.4   Ag 原子吸附在 Cu(100)表面上的示意图

（分别以俯视图和侧视图显示了 Ag 原子吸附在顶位、四重对称孔穴位和桥位的情况）

Ag 原子在 Cu 表面上的 3 种可能的吸附位置。我们将 Ag 原子固定在表面晶面（即 x-y 平面）的位置上，然后允许所有的表面原子弛豫而让 Ag 原子沿表面法线（z 方向）向表面移动使得能量最小化。这样就可以得到一个二维的能量面 $E(x, y)$，进而确定出在这个表面上 Ag 原子的最小能量。

　　图 1.5 显示的是该能量面在 x-y 面上的分布情况。可以看出在表面上存在着 3 种类型的临界点。四重对称位置是这个表面上唯一的能量极小值，桥位是表面上的一阶鞍点，从桥位向四重对称位移动可降低 Ag 原子的能量，但是从桥位向顶位（二阶鞍点）移动则会增加其能量。当 Ag 原子从一个孔穴位移动到另一个孔穴位时，存在无数可能的移动轨迹，但对于其过渡态速率而言，一条具有特殊意义的轨迹是在两个位置间沿着能量变化最小的路径。从这里的图 1.5 可以看到，这条路径会通过两极小值之间的桥位鞍点，把这条特殊路径称为该过程的最小能量路径，而将两个极小值分隔开的鞍点称为过渡态。

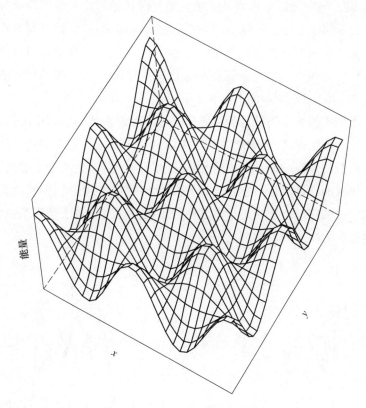

图 1.5　Ag 原子在 Cu(100)上的二维能量面 $E(x, y)$ 示意图

（极小值点是四重对称的表面位置）

1.1.3.3 利用密度泛函理论研究电子结构

在前面的简单例子中，我们讨论了利用密度泛函理论计算与电子结构联系不太紧密的物理特性。事实上材料的很多性质与电子结构相关联，比如导电性。这里我们将简要讨论下如何利用密度泛函理论研究金属（如 Ag、Pt）、半导体（如 Si）和绝缘体（如石英 SiO_2）的电子态密度。如图 1.6 所示，我们利用密度泛函理论计算了几种块状晶体的电子态密度，其中图 1.6（a）和（b）图像比较相似，说明了 Ag 和 Pt 符合典型金属的特征，即在费米能级上二者的 DOS 是非零的。但是二者仍然有一些区别，主要表现在：（1）Ag 的电子态较之于 Pt 来说更明显地集中在较小的能级范围内；（2）对于高于费米能级的未占满态而言，Ag 的密度相比于 Pt 较低。这两个计算结果都可以大致对应于一个物理实际：Pt 通常比 Ag 具有更大的化学活泼性。对图 1.6（c）所示的 Si 来说，DOS 可以分为两个区域，即价带和导带。在价带和导带的分隔区域内没有任何电子态，这就是所谓的带隙（Band Gap）。这类材料在施加外电场后不会像金属那样容易地产生电子导电性。从这个例子我们可以将具有带隙的材料分为两类：（1）带隙较小的称为半导体；（2）带隙较大的称为绝缘体，如图 1.6（d）所示的石英 SiO_2。

以上所列举的 3 个例子只是利用密度泛函理论在数学物理中的简单应用，借助密度泛函理论这个强有力工具还可以解决原子分子物理中的许多问题，如对于电离势的计算、振动谱的研究、化学反应问题、生物分子的结构分析，催化活性位置的特征判断等。总之，密度泛函理论在理论计算领域具有相当的地位和广泛的应用。正是由于该理论的正确性以及计算上所带来的便利性，我们选择它作为本书研究的理论基础。

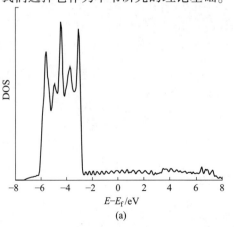

(a)

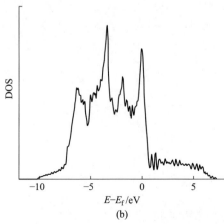

(b)

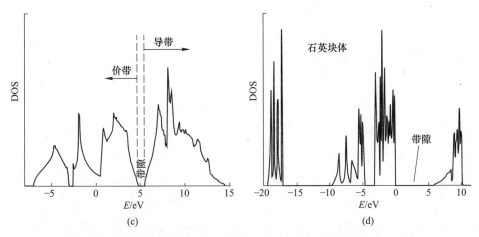

图 1.6 利用 DFT 计算 Ag(a)、Pt(b)、Si(c) 和石英(d)的 DOS 图像

1.2 非平衡格林函数方法概述

在数学物理方程中，我们经常提到所谓的格林函数法，这是一种使用较为广泛的方法。格林函数还被叫作源函数、影响函数，它最早是由英国人 George Green（乔治·格林）在 1828 年提出，同时，格林函数也是物理学中一个重要的函数。

18 世纪数学物理学家在对牛顿万有引力的深入研究中引入了位势 $\varphi(x, y, z)$ 的概念，满足方程：

$$\frac{\partial^2 \varphi}{\partial x^2} + \frac{\partial^2 \varphi}{\partial y^2} + \frac{\partial^2 \varphi}{\partial z^2} = 0 \tag{1.1}$$

该方程被称作位势方程，也被叫作拉普拉斯方程。后来泊松发展了该位势方程并提出了所谓的泊松方程，由于泊松方程在电磁学领域的应用十分有限，格林在泊松的研究基础上尝试着将位势函数引入电磁学研究中，提出了以他名字命名的格林公式：

$$\iint_{\Sigma} (u \, \nabla \nu - \nu \, \nabla u) \, \mathrm{d}\boldsymbol{S} = \iiint_{T} (u \Delta \nu - \nu \Delta u) \, \mathrm{d}V \tag{1.2}$$

式中，ν 为格林函数。1835 年格林开始着手研究变密度椭球体的引力势 φ 的问题，引入了很多重要的概念，其意义远远超出了位势方程。20 世纪以后，物理学家开始意识到格林函数法的重要性，在 20 世纪 50 年代后期，人们将量子场论中的格林函数法引入到统计物理中，对研究多体系统的基态性质和热平衡性质方面起到了很大的作用。

从 1960 年开始，多体量子理论的格林函数便成为研究凝聚态物质的一大利器。在研究大量相互作用粒子组成的体系时，多体格林函数用于表示某个时间向体系外加一个粒子，又可以用于在下一个时间里出现的概率振幅。由于格林函数可以描述粒子的传播行为，因此它又常常叫作传播子。在数学上，格林函数是一种用来解有初始条件或边界条件的非齐次微分方程的函数。而在物理学的多体理论中，格林函数代指各种关联函数，有时并不符合数学上的定义。从物理上看，一个数学物理方程是表示一种特定的"场"和产生这种场的"源"之间的关系。当源被分解成很多点源的叠加时，如果能设法知道点源产生的场，利用叠加原理，我们可以求出同样边界条件下任意源的场，这种求解数学物理方程的方法就叫格林函数法，而点源产生的场就叫作格林函数。对于输运现象以及其他一些非平衡现象，我们不能保证系统经过长时间的演化，最后重新回到系统原来的初态。实际上，系统经过长时间演化往往不会回到系统初态。这时，平衡格林函数处理这类问题时就比较困难。于是，有人开始在非平衡状态下寻找新的解决办法。非平衡格林函数的概念最早是由 J. Schwinger 在 1959 年提出[8]，后来分别由 L. P. Kadanoff 等[9]在 1962 年和 L. V. Keldysh[10]在 1965 年各自独立地将其发展成为一套处理非平衡问题的有力工具。非平衡格林函数是基于量子输运研究而发展起来的一套完备的数理方法。可以认为，非平衡格林函数方法是平衡格林函数在非平衡状态下的推广。

在一个两端开放体系中，两端是半无限的电极而中间则是散射区。在电极的 $z = \pm\infty$ 处是电子库，处于平衡态时分别具有电化学势 μ_l 和 μ_r，由于存在化学势差 $\mu_l - \mu_r$，电流能够穿过中心散射区。在非平衡态下，可以像定义平衡格林函数一样定义一种非平衡格林函数。满足类似的戴森方程，在非平衡状态下的哈密顿量中的某一复杂作用项包含在自能里。对非平衡格林函数，人们还需要超前格林函数和推迟格林函数。一般来说，非平衡格林函数方法中最关键的问题就是求解系统的推迟格林函数。由于哈密顿矩阵是一个无限大矩阵，而推迟格林函数又是哈密顿矩阵的逆矩阵，所以推迟格林函数也是一个无限大矩阵。对格林函数积分时可以使用复能量空间围道积分的办法。图 1.7 是围道积分示意图。电荷密度表达式包含了平衡部分项和非平衡部分项。对平衡部分项来说，由于推迟格林函数在上半个复能量平面内没有极点，故积分可以通过复平面围道积分去求解（图中复平面上半圆围道）；对于非平衡部分项，推迟格林函数在上半个复能量平面内没有极点，而超前格林函数在下半个复能量平面内也没有极点，因此这部分积分只能在实轴上进行（$\mu_1 \to \mu_r$）。通过非平衡格林函数的方法，可以自洽求解开放式两端体系，并得到开放式两端体系的哈密顿量和电荷密度。当自洽计算完成后，体系的输运系数和隧穿电流便可求出。

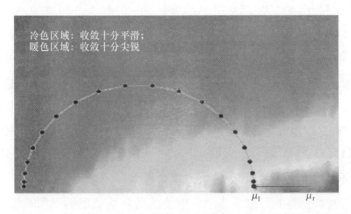

图 1.7 一个典型的关于非平衡条件下密度计算的等高值示意图　扫一扫看彩图
（图片来自 NanoAcademic Technologies Inc.）

1.3 自旋电子学概述

作为人类历史进展的强大推动力，科学技术对人们的生产生活所带来的影响已经无法估量。一个多世纪以来快速发展的现代物理学和电子学对科学技术史有着不可磨灭的贡献。这两个不同的学科的研究对象和内容各有不同，但是也有交叉的地方。自旋电子学的建立与发展便是它们之间相互交融的一大佐证。1988 年巨磁电阻这一里程碑式的重大发现，宣告了自旋电子学以一种独立的姿态走上了历史舞台。有意思的是，这种奇特的物理现象当年分别由法国的 Fert 教授和德国的 Grünberg 教授各自独立地发现，所以 2007 年的诺贝尔物理学奖授予了这两位科学家，以表彰他们对该领域的开创性贡献。巨磁阻现象的发现和对巨磁阻效应的利用，是自旋电子学中的一大历史性突破。第二个历史性突破则是巨磁阻的逆效应——自旋扭矩传输（STT）的提出和应用。下面我们将会简要介绍一下这两大历史性突破事件。

1.3.1 各类磁电阻及其效应

电阻这一概念在物理学或电子学中不会让人感到陌生。当电子在导电材料中迁移时，由于受到晶格中的原子核或者杂质元素的阳离子的作用而发生碰撞，其运动路线将由此发生改变，并且该过程将伴随着热量的产生，这种物理现象被人们称作为"电阻效应"。但是，如果因为磁场的变化而导致的电阻的改变，就使得问题稍微复杂起来了。这个时候，阻碍电子前进的因素就不再仅仅只是与晶格碰撞那么简单了，另外还包含着与磁场的关系和相互作用。1857 年，开尔文勋爵提出了在铁和镍的单质里，能观察到因磁化方向的改变而带来的电阻的变化量[11]。后来，人们把他发现的这种现象称为各向异性磁电阻（Anisotropic Magnetoresistance，AMR）。通常用相对磁电阻的比值 MR 来描述，$MR = \Delta R/R = (R' - R)/R$。这里的 R' 和 R 代指有无外磁场下的电阻值。从该式可以看出，MR 是一个没有量纲的比值。人们在后来的深入研究中发现，AMR 的根源是与材料中的自旋轨道耦合有关，当磁场方向与铁磁材料内部的磁畴平行或者垂直的时候，将会对电子的定向移动产生不同的影响，从而表现为电阻值的不同。

铁磁性材料中存在有各向异性磁电阻现象，那么非铁磁性材料中是否也有类似的效应呢？人们对 Cu 等材料的研究发现，非铁磁性金属以及半导体中也存在着极其微弱的磁电阻效应，它的起因是在于传导电子受外磁场的作用而发生的所谓回旋运动。

在自旋电子学里具有开拓意义的工作，是有关巨磁阻（Giant Magnetoresistance，GMR）效应的发现。巨磁阻概念是由法国 Fert 教授的研究小组在 1988 年正式提出的[12]，他们在低温下，在 Fe/Cr 纳米尺度多层膜上观测与膜面平行的电流（Current In Plane，CIP 型结构）与磁场的关系，得出磁电阻曲线，如图 1.8 所示。

而几乎是在相同的时间里，由另外一个独立的德国研究小组，在 Grünberg 教授领导下开展了非常类似的工作[13]。他们在室温下测量了 Fe/Cr/Fe 的磁电阻曲线，如图 1.9 所示。与前面提到的 Fert 研究小组制备出多层膜结构不同的是，他们制备出来的仅仅只有三层薄膜，类似于所谓的"三明治"式夹心模型。

在硬盘驱动器读头制造领域，基于自旋阀结构的 GMR 传感器已经在 1997

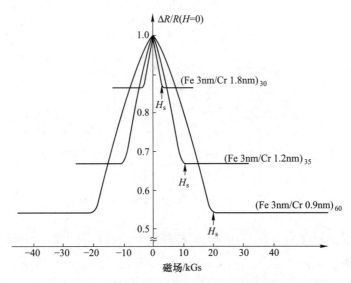

图 1.8　由 Fert 教授领导的实验小组测得的 Fe/Cr 多层膜的 *MR-H* 曲线[12]

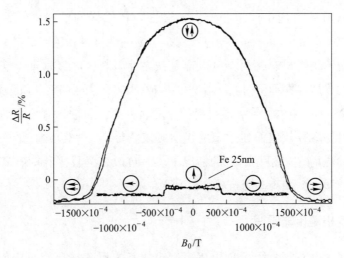

图 1.9　由 Grünberg 教授领导的实验小组测得的 Fe(12nm)/Cr(1nm)/Fe(12nm)
三层膜的 GMR 曲线以及 Fe 的 AMR 曲线[13]

年之后取代了原来的 AMR 传感器的地位。使用 GMR 的新技术，使得存储密度大为提升，在 2007 年时已经可以达到约 600Gbit/in²❶ 的存储密度[14]。图 1.10 为 GMR 型磁读头示意图[15]。

---

❶　1in = 25.4mm。

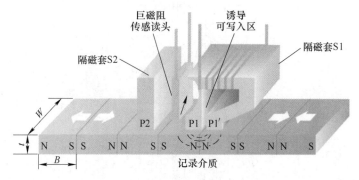

图 1.10　GMR 型读头器示意图[15]

巨磁电阻的重大发现，引起人们广泛关注。随后，人们又在钙钛矿型氧化物中发现了庞磁电阻（Colossal Magnetoresistance，CMR）效应，这种效应所对应的 MR 值更为巨大，竟可以高达$10^6\%$[16]。

前面讨论的几种磁阻效应中选择的中间层材料往往是金属或者合金，如果把绝缘材料插入到中间薄膜层，又会出现什么样的情况呢？磁性隧道结（Magnetic Tunneling Junction，MTJ）就是由铁磁性材料和绝缘材料夹在一起所形成的三明治结构材料，两端电极都是铁磁性材料，电流垂直于铁磁性材料与绝缘层的异质界面而穿过整个器件，形成一种所谓的 CPP（Current Perpendicular to Plane）结构。绝缘层材料的厚度非常薄，通常只有几个纳米甚至更薄，电子发生隧穿效应而通过了绝缘层则表明导电，一般此时是处于两端铁磁层的外加磁场方向相互平行的情况下。一旦改变为反平行时，MTJ 器件的磁电阻迅速增大，变为高阻抗状态。

1.3.2　自旋扭矩传输原理

我们在这里简要介绍下自旋扭矩传输的基本概念。自旋扭矩传输（Spin Torque Transfer，STT）是前面所讨论的自旋依赖导电的逆过程，也就是说，电流反过来也可以直接引起磁场的变化。在我们讨论的自旋电子学概念里，电流往往是指极化电流，也就是自旋方向单一的电子的定向移动。当电子做定向运动时，每个传导电子携带有自旋动量矩，当电流进入到另一端电极材料时，传导电子的自旋动量矩势必会转移给该电极局域磁矩一个净力矩，从而形成了自旋扭矩的传递，使得该区域的磁化方向发生变化。在人们的传统观念里，唯有磁场才会改变磁矩，而在基本粒子（电子）中发现的自旋效应，说明在微观领域基本粒子是可以携带和传递磁矩的，从而使得电流也可以直接引起磁矩的变化而无须施加磁场作用。自旋扭矩传输效应为我们提供了一种利用自旋极化电流来调控材料磁性状态的新方法，这也是自旋电子学中又一个理论与技术上的重大突破。

1.4 Heusler 合金在自旋电子学中的应用

人们在电子学中接触到的材料有金属材料、绝缘材料，后来扩展到半导体材料，但是都没涉及电子的自旋概念。直到 1983 年由 de Groot 等人提出了"半金属"的概念，人们才对电子导电的问题有了进一步的认识。当时提出的具有"半金属"特性的半休斯勒合金（Half-Heusler）引起了人们的兴趣和关注，因为它具有一些与传统金属不同的地方。在对其进行计算时发现，它有两种不同的自旋方向的电子且起着不同的作用，自旋向上的电子相当于是传导电子，有点类似金属里的自由电子，"半金属"能导电的原因就在于它的存在；而自旋向下的电子有点类似于绝缘体或半导体中电子的情况，几乎不导电。于是，一种具有奇特能带结构的图像出现在人们面前。我们在这里以图 1.11 中的 3 张各自代表金属、半导体和半金属的子图来形象地表示自旋区分的态密度（Density of States，DOS）情况。在金属和半导体中，由于自旋向上和自旋向下的性质完全一样，因此在导电的过程中二者是没有任何区别的，所以一般没有必要对电子的自旋方向做说明。但在半金属中的情况却有很大不同，由于导电的那部分电子具有完全的自旋极化，那么在半金属中的传导电流是完全单一的有着固定自旋方向的极化电子所构成的，我们称之为自旋极化电流。研究并利用自旋极化的电子定向移动，是磁电子学（或者叫自旋电子学）中的重要研究课题。

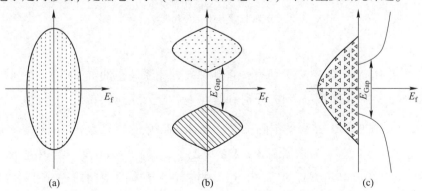

图 1.11　金属(a)、半导体(b)和半金属(c)的态密度示意图

1.4.1　Heusler 合金的结构

1903 年 Fritz Heusler 发现，有些三元化合物中虽然各组分并不含有磁性元素但却显示出磁性特征[17,18]。后来人们对此类材料进行了大量的研究，到目前为止至少发现了上千个具有这类磁性特征的化合物。这类材料被统称为 Heusler 化合物（或合金）。通常来说，Heusler 合金分为两类：Full（全）-Heusler 合金与 Half（半）-Heusler 合金。如果我们用化学式分别来描述它们的话可以写成 X_2YZ 与 XYZ，相应的各组成成分的比例为 $2:1:1$ 和 $1:1:1$。一般地，X 和 Y 指的是过渡金属而 Z 是主族元素。Tanja Graf 等人[19]将周期表中各种可能的元素组合进行了归纳，如图 1.12 所示。

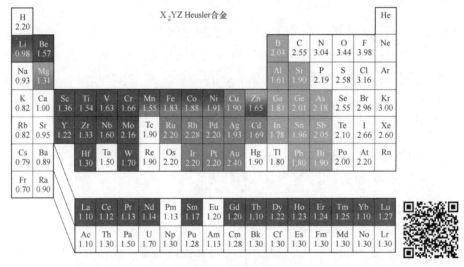

图 1.12　组成 Heusler 合金 X_2YZ 的可能元素[19]

（X、Y 和 Z 分别以红、蓝和绿色代表）

扫一扫
看彩图

对半 Heusler 合金 XYZ 而言，它具有立方晶系的空间群 $F\bar{4}3m$（空间群号是 216），3 种元素 X、Y 和 Z 分别占据 $4a$（0，0，0）、$4b$（0.5，0.5，0.5）和 $4c$（0.25，0.25，0.25）的空间位置。全 Heusler 合金 X_2YZ 的空间群是 $Fm\bar{3}m$（空间群号是 225），X 占据 $8c$（0.25，0.25，0.25）等效位置，Y 占据 $4a$（0，0，0），Z 占据 $4b$（0.5，0.5，0.5）的位置。具体的空间排布情况可参看图 1.13，其中左边部分是半 Heusler 合金 XYZ 的空间排列情况，而右边部分

则是全 Heusler 合金 X_2YZ 的各原子排布情况。

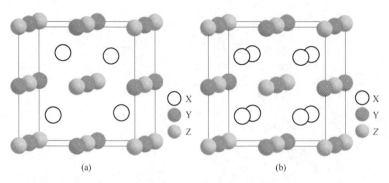

图 1.13　半 Heusler 合金 XYZ（a）与全 Heusler 合金 X_2YZ（b）

的空间结构图

扫一扫

看彩图

在本书中，我们都是以全 Heusler 合金 X_2YZ 为研究对象的，因此在这里约定在后面的讨论中出现的"Heusler 合金"均代指"全 Heusler 合金"。

1.4.2　Heusler 合金的基本性质

关于 Heusler 合金的电子结构与磁学方面的性质，Iosif Galanakis 等人做了详尽而深入的研究[20,21]，从理论上分析了 Heusler 合金中自旋向下带中带隙（Band Gap）的特点以及解释了该带隙的形成原因。

在图 1.14 中左边两种 X 元素之间，如果以 $d1$ 到 $d5$ 分别表示元素 X（红色表示）的 5 条 d 电子轨道 $d$xy、$d$yz、$d$xz、dz^2、$d(x^2\text{-}y^2)$ 的话，那么 $d1$ 到 $d3$ 代表的是能量相对低一些的三重简并态 t_{2g} 的轨道，而 $d4$ 和 $d5$ 则是能量相对高一些的双重简并态 e_g 的轨道。它们之间经杂化后形成 e_u 和 t_{1u} 轨道及 t_{2g} 和 e_g 轨道。这些轨道与 Y 元素（蓝色表示）的 d 电子轨道杂化后，最终会在自旋向下带出现一个明显的带隙，费米面处于这个带隙之中，由此形成 Heusler 合金独特的磁性。

不仅如此，Galanakis 还发现对全 Heusler 合金而言，它们的总自旋磁矩与总价电子数存在一定的线性关系[20]：

$$M_t = Z_t - 24 \tag{1.3}$$

式中，M_t 为总磁矩；Z_t 为总价电子数。对大量的全 Heusler 合金数据分析并进行归纳可得到图 1.15 所示的线性图。注意到图中的黑点表示的是完全满足上述线性条件的合金，圆圈表示的是偏离该表达式的合金。

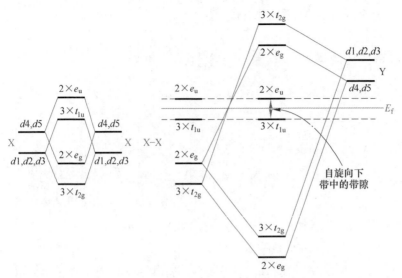

图 1.14　全 Heusler 合金 X_2YZ 中的能级劈裂和杂化示意图　　　　扫一扫看彩图

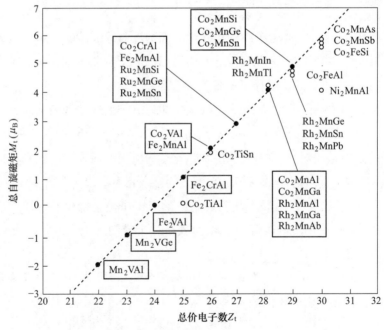

图 1.15　各种 Heusler 合金的总磁矩与总价电子数之间的关系[22]

另外，他们进一步还发现，在 Half-Heusler 合金中也存在着类似的情况：

$$M_t = Z_t - 18 \qquad\qquad (1.4)$$

　　总价电子数除了与总磁矩存在线性关系，还跟对应的居里温度值也有着一定的联系。图 1.16 所示的是若干种 Co 基 Heusler 合金的居里温度与总价电子数的关系图[22]。其中，黑点代表的是实验测得的结果，而圆圈表示的是理论计算的数值。

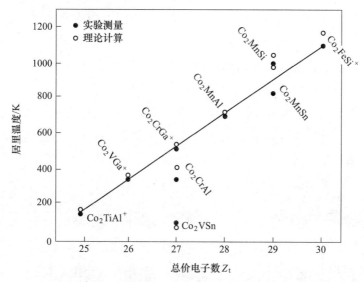

图 1.16　实验测量的（黑点表示）与理论计算的（圆圈表示）居里温度值与
总价电子数之间的关系图[22]

1.4.3 Heusler 合金的结构缺陷

　　人们最早是通过 X 光衍射办法来获取晶体结构的排列信息的，例如，实验上经常使用粉末 XRD 方法，迅速而又简便地检验样品的结构或者纯净度。我们在检验 Heusler 合金是否具备典型的 $L2_1$ 晶格特征时往往只需要判断 XRD 检验结论中是否发现面心立方典型的（111）、（200）及（220）所反映出的峰值情况。在制备 Heusler 合金的块体、薄膜等过程中，由于实验中的方法（分子束外延法、真空磁控溅射法等）往往受很多因素的影响（例如退火温度），很难制备出完全没有结构缺陷的样品出来，因而实际中的样品总会有这样或那样的结构不完美。对 Heusler 合金而言，时常发生各种原子尺度的无序（缺陷）现象。这些无序结构常见于这几种类型：B2 型原子无序、DO_3 型原子无序以及 A2 型完全无序。下面我们结合原子结构示意图逐一介绍这些常见的原子无序。

　　我们知道，正常的全 Heusler 合金的空间群为 $Fm\bar{3}m$，代码为 225，具备如图 1.17（a）所示类型的原子排布。这样的排列方式我们称为 Cu_2MnAl 型结构。假如在 X 原子所在的位置（Wyckoff 位置坐标）$8c$ 处出现了空位，即这个位置缺失 X 原子，就形成了部分空位的缺陷，如图 1.17（b）所示。假如还发生在 Wyckoff 位置坐标 $4a$ 与 $4b$ 处的 Y 元素和 Z 元素之间的部分交换或者占位现象，我们称之为 B2 类型的无序，此时的空间排布很像 CsCl 晶体的结构（B2, $Pm\bar{3}m$），空间对称性序数下降为 221 了，如图 1.17（c）所示。进一步地，如果混乱程度继续加剧，也就是说，当无序变为所有 3 种原子和空位之间完全、随机地交换或占位的话，那么最终会导致 A2 类型无序的形成，如图 1.17（d）所示。A2 无序中有一种比较特殊的无序类型，我们称之为 DO_3 无序，即 X/Y/Z 当中只有 X/Y 之间发生交换或占位的情况，而 Z 原子仍然还在原来的位置上。这种所谓的 DO_3 无序在 Co_2Mn-类型的全 Heusler 合金中时常发生，比如在常见的 Heusler 合金 Co_2MnSi、Co_2MnGe 等中[23]。

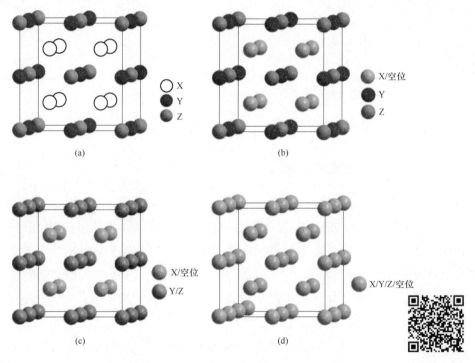

图 1.17　原子结构示意图

（a）完全有序的 $L2_1$ 结构；（b）X 位有空位的无序类型；

（c）Y 位与 Z 位发生交换或占位时的 B2 类型无序；

（d）X、Y、Z 完全发生交换或占位时的 A2 类型无序

扫一扫看彩图

一种合金可能会同时发生多种类型的无序情况。例如 DO_3 无序和 B2 无序可以同时发生在 Co_2MnSi 上。它们对合金半金属性质的影响可谓差别很大。在 Co_2MnSi 中，如果 Y 位的 Mn 原子与 Z 位的主族元素 Si 发生交换或者占位，对其进行的第一性原理计算结果表明 Co_2MnSi 的半金属性质几乎没受什么影响，依然可以保持较高的自旋极化水平[24]。然而，如果 X 位的 Co 原子与 Y 位的 Mn 原子出现所谓的 DO_3 无序效应的话，材料的半金属性将急剧地下降，换句话说，只要有很少一部分的 DO_3 无序现象发生的话，Co_2MnSi 的半金属性将会遭到极大的破坏甚至完全消失[25]。

1.4.4　Heusler 合金基磁电阻结研究现状

早在 1975 年，法国科学家 Julliére 提出过一个关于磁性隧道结的唯象模型。该模型指出，隧穿磁电阻值的大小由两端电极材料的自旋极化率所决定，而与中间绝缘层材料无关。在早期的实验中，该模型预测的结果跟实验情况符合得很好。但是在当时那个时期全世界还没有一个实验室具备制备高质量的微/纳米级别的薄膜材料条件和微型材料加工技术能力，因此整个十余年期间对磁电阻结的实验研究并无多大进展和重大突破。二十年过去了，直到日本学者首次在以 Al-O 为势垒材料的磁性隧道结中发现近 20% 的磁阻效应后[26]，人们才真正开始对隧穿磁电阻效应的研究加以重视。在 2007 年的时候，H. X. Wei 等人报道了 Al-O 作为中间绝缘层、CoFeB 作为自由层和钉扎层电极的 TMR 磁电阻结在室温下获得了约 80% 的值，这也是迄今为止在该体系中报道的最高数值了[27]。

人们开始意识到，采用具有半金属性质的材料制作的磁电阻结构，由于其具有较高的自旋极化率，可能会带来更高的磁电阻比率。由于 Al-O 在制备过程中多以多晶态的形式出现而不利于制备，于是各实验小组开始将目光转向单晶态的 MgO 上来。2004 年，Parkin 等人以单晶 MgO 为中间层材料、CoFe 二元合金为电极材料，利用先进的磁控溅射实验手段（Magnetron Sputtering Method）制备出了 CoFe/MgO/CoFe 磁隧道结，在室温条件下获得了近 220% 的磁阻值[28]，这是当时在以 MgO 为势垒材料中的隧穿磁电阻结研究中一个突破性进展。其关键在于，MgO 中间层在制备和退火过程中，与 CoFe 形成的界面结合处表现出自动的（001）晶向取向趋势，这使得异质界面处的失配度因素带来的影响降到很小。这样一来，在界面处形成各类缺陷的可能性就可以大幅度减少，在 MgO 的诱导下，界面处半金属与绝缘层两种不同的材料，在晶相生长的方向趋于一致，对整个磁电阻的提高起着关键性的作用。

虽然也有人采用分子束外延生长法（Molecular Bean Epitaxy，MBE）来制备 MgO 势垒[29]，但是仍然不及磁控溅射法那样广泛。正是后者所具有的成本低、生长快等优点，大大加快了磁电子学发展的速度。在应用方面，高存储密度的读头器（高达 600Gbit/in^2）和大容量（1GByte）/高容量密度（1Gbit/in^2）磁性随机存储器（MRAM）等自旋电子学器件的成功研发，高效而可靠的实验制备手段功不可没。利用磁控溅射制备出来的 MgO 势垒磁性隧道结已经获得了在低温高达 1144%，室温 604% 的 *TMR* 值[30]。在自旋阀方面的研究，虽然其磁阻值远不及同类别的磁性隧道结，但由于它自身具有独特的优势，人们对它的研究热情依然很高。在 2008 年，由 Furubayashi 等人获得的 CPP 型 $Co_2FeAl_{0.5}Si_{0.5}/Ag/Co_2FeAl_{0.5}Si_{0.5}$ 自旋阀磁阻值为较低的 6.9%[31]；次年 Nakatani 报道了该小组制备的 Co_2MnGe 基自旋阀的磁阻在室温为 6.7%[32]；2010 年 Takahashi 在 CPP 型的 $Co_2Fe(Ga_{0.5}Ge_{0.5})/Ag/Co_2Fe(Ga_{0.5}Ge_{0.5})$ 自旋阀中观测到室温 41.7% 的磁电阻值[33]。到目前为止，实验上报道的自旋阀的最高 *MR* 值记录为 74.8%（室温），是由日本科研人员以四元合金 $Co_2Fe_{0.4}Mn_{0.6}Si(CFMS)$ 为半金属电极材料，以单质 Ag 为中间层导体制备出来的 CPP-GMR 器件中获得的[34]。图 1.18 为该实验小组提供的 Ag/$Co_2Fe_{0.4}Mn_{0.6}Si$ 界面附近的扫描电镜图片以及在室温测得的 $Co_2Fe_{0.4}Mn_{0.6}Si$/Ag/$Co_2Fe_{0.4}Mn_{0.6}Si$ 的 *MR* 曲线图。实验上得到的自旋阀磁阻值普遍不是很高，可能是由于在制备和退火过程中 Heusler 合金电极中费米面处带隙位置发

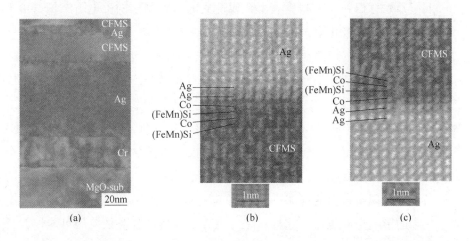

(a)   (b)   (c)

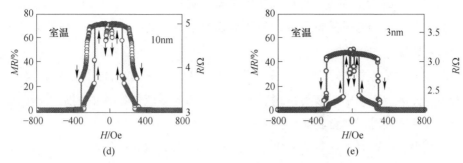

图 1.18　CPP-GMR 型 $Co_2Fe_{0.4}Mn_{0.6}Si(CFMS)/Ag/Co_2Fe_{0.4}Mn_{0.6}Si$
结构（横截面）的扫描电镜图（a），$Ag/Co_2Fe_{0.4}Mn_{0.6}Si$ 界面的下边部分扫描电镜图（b），
$Co_2Fe_{0.4}Mn_{0.6}Si/Ag$ 界面的上边部分扫描电镜图（c），CFMS(20nm)/Ag(5nm)/CFMS(10nm)
在室温下测得的 MR 曲线图（d）和 CFMS(20nm)/Ag(5nm)/CFMS(3nm)
在室温下测得的 MR 曲线图(e)[34]

生了移动，造成自旋极化率的降低。另外，由于异质界面的存在，以及界面
处原子无序的发生，都很有可能会影响到其性能的进一步提升。

1.5　本书研究内容

　　由于 Co 基 Heusler 合金具备优良的半金属性质且具有较高的居里温度，
而被认为是一类很有发展前途的新奇材料，在自旋电子学领域有着广阔的理
论研究价值和应用价值。目前，这类材料已经在工业界展示出它们巨大的潜
力，但是在现实中还存在着许多问题。考虑到在异质界面处出现的新的电子
结构和磁性特征，结合对实际中原子无序对材料带来的影响，我们借助基于
密度泛函理论第一性原理理论计算和非平衡格林函数方法，深入研究和探索
了 Co 基 Heusler 合金及其自旋极化输运的一系列相关基础问题，力求在理论
上对相关问题上有新的全面认识。

　　具体地，在本书中，我们将展开以下几个方面的探讨：

　　（1）在研究 Co 基 Heusler 合金作为自旋阀电极材料的半金属性质（如电
子结构、磁性）之前，首先判断和检验其是否具备结构稳定性和热力学稳定
性等作为应用性需要的必要特征；

　　（2）引入原子无序的概念，考察作为自旋阀电极材料的 Co 基 Heusler 合
金中可能发生的原子无序对整体磁电阻结性能的影响；

（3）在弄清上述电极区中发生无序效应对性能的影响后，进一步考虑中间势垒层材料与电极材料形成的异质界面对器件的影响，以及界面处原子无序对自旋输运的影响；

（4）完成以上关于原子无序分别在电极区和中心散射区的影响研究后，着手研究电极区与中心散射区两种不同材料的电子能带结构的相互关联，以及这种关联性对器件自旋极化输运有何影响。

总之，通过对上述各部分研究内容的归纳总结，最终形成对 Co 基 Heusler 合金磁电阻结自旋极化输运性质较为全面的认识。具体的内容安排为：（1）内容主要在第 3 章中讲述，（2）、（3）部分内容主要体现在第 4 章和第 5 章里，而（4）部分内容放到了第 6 章中具体讨论。

参 考 文 献

[1] Hohenberg P, Kohn W. Inhomogeneous electron gas ［J］. Physical Review, 1964, 136 （3B）: B864.

[2] Kohn W, Sham L J. Self-consistent equations including exchange and correlation effects ［J］. Physical Review, 1965, 140 （4A）: A1133.

[3] Hedin L. New method for calculating the one-particle Green's function with application to the electron-gas problem ［J］. Physical Review, 1965, 139 （3A）: A796.

[4] Hybertsen M S, Louie S G. Electron correlation in semiconductors and insulators: band gaps and quasiparticle energies ［J］. Physical Review B, 1986, 34 （8）: 5390.

[5] Faleev S V, Van S M, Kotani T. All-electron self-consistent G W approximation: application to Si, MnO, and NiO ［J］. Physical Review Letters, 2004, 93 （12）: 126406.

[6] Jones R O. Density functional theory: Its origins, rise to prominence, and future ［J］. Reviews of Modern Physics, 2015, 87 （3）: 897.

[7] Watanabe T, Sholl D S. Molecular chemisorption on open metal sites in Cu_3 (benzenetricarboxylate)$_2$: a spatially periodic density functional theory study ［J］. The Journal of Chemical Physics, 2010, 133 （9）: 094509.

[8] Martin P C, Schwinger J. Theory of many-particle systems. I ［J］. Physical Review, 1959, 115 （6）: 1342.

[9] Kadanoff L P, Baym G A. Quantum statistical mechanics Green's function methods in equilibrium problems ［M］. Benjamin, 1962.

[10] Keldysh L V. Diagram technique for nonequilibrium processes ［J］. Sov. Phys. JETP,

1965, 20 (4): 1018~1026.

[11] Thomson W. XIX. On the electro-dynamic qualities of metals: effects of magnetization on the electric conductivity of nickel and of iron [J]. Proceedings of the Royal Society of London, 1857 (8): 546~550.

[12] Baibich M N, Broto J M, Fert A, et al. Giant magnetoresistance of (001) Fe/(001) Cr magnetic superlattices [J]. Physical Review Letters, 1988, 61 (21): 2472.

[13] Binasch G, Grünberg P, Saurenbach F, et al. Enhanced magnetoresistance in layered magnetic structures with antiferromagnetic interlayer exchange [J]. Physical Review B, 1989, 39 (7): 4828.

[14] Fert A. Nobel lecture: origin, development, and future of spintronics [J]. Reviews of Modern Physics, 2008, 80 (4): 1517.

[15] Chappert C, Fert A, Van D F N. The emergence of spin electronics in data storage [J]. Nanoscience And Technology: A Collection of Reviews from Nature Journals, 2010: 147~157.

[16] Jin S, Tiefel T H, McCormack M, et al. Thousandfold change in resistivity in magnetoresistive La-Ca-Mn-O films [J]. Science, 1994, 264 (5157): 413~415.

[17] Heusler F. Über magnetische manganlegierungen [J]. Verhandlungen der Deutschen Physikalischen Gesellschaft, 1903, 5: 219.

[18] Heusler F. Mangan-aluminium-kupferlegierungen [J]. Verh. DPG, 1903, 5: 219.

[19] Graf T, Felser C, Parkin S S P. Simple rules for the understanding of Heusler compounds [J]. Progress in Solid State Chemistry, 2011, 39 (1): 1~50.

[20] Galanakis I, Dederichs P H, Papanikolaou N. Slater-Pauling behavior and origin of the half-metallicity of the full-Heusler alloys [J]. Physical Review B, 2002, 66 (17): 174429.

[21] Galanakis I, Dederichs P H, Papanikolaou N. Origin and properties of the gap in the half-ferromagnetic Heusler alloys [J]. Physical Review B, 2002, 66 (13): 134428.

[22] Miyazaki T, Jin H. The physics of ferromagnetism [M]. Springer Science & Business Media, 2012.

[23] Özdoğan K, Sasıoğlu E, Aktas B, et al. Doping and disorder in the Co_2MnAl and Co_2MnGa half-metallic Heusler alloys [J]. Physical Review B, 2006, 74 (17): 172412.

[24] Picozzi S, Continenza A, Freeman A J. Co_2MnX (X = Si, Ge, Sn) Heusler compounds: an ab initio study of their structural, electronic, and magnetic properties at zero and elevated pressure [J]. Physical Review B, 2002, 66 (9): 94421.

[25] Miura Y, Nagao K, Shirai M. Atomic disorder effects on half-metallicity of the full-Heusler

alloys $Co_2(Cr_{1-x}Fe_x)Al$: a first-principles study [J]. Physical Review B, 2004, 69 (14): 144413.

[26] Miyazaki T, Tezuka N. Giant magnetic tunneling effect in $Fe/Al_2O_3/Fe$ junction [J]. Journal of Magnetism and Magnetic Materials, 1995, 139 (3): L231~L234.

[27] Wei H X, Qin Q H, Ma M, et al. 80% tunneling magnetoresistance at room temperature for thin Al-O barrier magnetic tunnel junction with CoFeB as free and reference layers [J]. Journal of Applied Physics, 2007, 101 (9): 9B501.

[28] Parkin S S P, Kaiser C, Panchula A, et al. Giant tunnelling magnetoresistance at room temperature with MgO(100) tunnel barriers [J]. Nature Materials, 2004, 3(12): 862~867.

[29] Yuasa S, Nagahama T, Fukushima A, et al. Giant room-temperature magnetoresistance in single-crystal Fe/MgO/Fe magnetic tunnel junctions [J]. Nature Materials, 2004, 3 (12): 868~871.

[30] Ikeda S, Hayakawa J, Ashizawa Y, et al. Tunnel magnetoresistance of 604% at 300K by suppression of Ta diffusion in CoFeB/MgO/CoFeB pseudo-spin-valves annealed at high temperature [J]. Applied Physics Letters, 2008, 93 (8): 82508.

[31] Furubayashi T, Kodama K, Sukegawa H, et al. Current-perpendicular-to-plane giant magnetoresistance in spin-valve structures using epitaxial $Co_2FeAl_{0.5}Si_{0.5}/Ag/Co_2FeAl_{0.5}Si_{0.5}$ trilayers [J]. Applied Physics Letters, 2008, 93 (12): 122507.

[32] Nakatani T M, Furubayashi T, Kasai S, et al. Bulk and interfacial scatterings in current-perpendicular-to-plane giant magnetoresistance with $Co_2Fe(Al_{0.5}Si_{0.5})$ Heusler alloy layers and Ag spacer [J]. Applied Physics Letters, 2010, 96 (21): 212501.

[33] Takahashi Y K, Srinivasan A, Varaprasad B, et al. Large magnetoresistance in current-perpendicular-to-plane pseudospin valve using a $Co_2Fe(Ge_{0.5}Ga_{0.5})$ Heusler alloy [J]. Applied Physics Letters, 2011, 98 (15): 152501.

[34] Sato J, Oogane M, Naganuma H, et al. Large magnetoresistance effect in epitaxial $Co_2Fe_{0.4}Mn_{0.6}Si/Ag/Co_2Fe_{0.4}Mn_{0.6}Si$ devices [J]. Applied Physics Express, 2011, 4 (11): 113005.

2 基本理论和计算方法

量子力学（Quantum Mechanics）是物理学中研究微观粒子运动及其相互作用的基本工具。20 世纪 20 年代，人们在经典量子理论的基础上，结合大量的实验结果建立了现代量子力学理论，从而对微观世界有了更为深入的认识。随着近几十年来计算机硬件水平的飞速提高以及凝聚态基础理论研究的不断深入，逐渐形成了物理学与化学、材料科学的相互融合，由此产生了诸如计算物理学、量子化学以及计算材料科学等多个分支学科。人们开始把使用计算机来探索物质微观结构与性质作为专门的研究手段独立出来并加以重视，相比传统实验方法来说它具有明显的优势，尤其是体现在成本低、周期短等特点上。大规模/超大规模计算机并行计算技术的采用使得基于量子力学第一性原理（First-principles）计算原子数较多的大体系成为可能，并发展成为当前基础研究和应用研究中材料模拟/设计的重要手段。我们通常所说的第一性原理指的就是从头算（Ab Initio Calculation），也就是说，只需要知道 5 个基本物理量（电子的静止质量 m_0、电子电量 e、普朗克常数 h、光速 c、玻尔兹曼常数 k_B 等）而不需要依赖任何经验参数，通过求解多体薛定谔方程就可以预测所研究材料的许多物理性质[1,2]。正是由于计算机硬件的日趋先进和各种理论修正的日趋完善，才使得这种方法具有了更高的精确性与可靠性，所以，第一性原理研究在材料理论研究中的作用已经越来越突出。本书的研究就是基于第一性原理方法所开展的材料理论计算，即通过高性能科学计算来获取相关材料的基本物性。具体来说，电子结构和磁性研究采用了基于 DFT 理论的第一性原理软件 VASP 程序包[3]，而电子输运性质的计算则是采用了基于非平衡格林函数方法与 DFT 理论相结合的 NANODCAL 程序包[4,5]。下面，我们将会对密度泛函理论以及非平衡格林函数方法做简要的介绍。

2.1 早期的近似理论

在量子力学理论建立以后，人们尝试用它来处理由多粒子组成的复杂体系，其基本思想是求解薛定谔方程：

$$H\psi(r, R) = E\psi(r, R) \tag{2.1}$$

式中，H 为哈密顿算符；ψ 为波函数；E 为能量本征值；r、R 分别为电子与原子核位置坐标。构建合适的哈密顿量，应当能反映出体系当中各粒子之间的相互作用，由此解出多粒子体系的薛定谔方程，得到其波函数的解以及分立的能级。将哈密顿量写成一般形式，即为：

$$H = \sum_p \left(-\frac{\hbar^2}{2M_p} \nabla_p^2 \right) + \frac{1}{8\pi\varepsilon_0} \sum_{p \neq q} \frac{Z^2 e^2}{|R_p - R_q|} + \sum_i \left(-\frac{\hbar^2}{2m_0} \nabla_i^2 \right) +$$
$$\frac{1}{8\pi\varepsilon_0} \sum_{i \neq j} \frac{e^2}{|r_i - r_j|} - \frac{1}{4\pi\varepsilon_0} \sum_{i, p} \frac{Ze^2}{|r_i - R_p|} \tag{2.2}$$

式中，r、R 分别为电子、原子核的位置矢量；m_0、M_p 分别表示它们各自的静止质量。上式等号右边的各项分别代表不同的物理含义，依次是：原子核的动能、两个不同原子核的库伦相互作用势、电子的动能、两个不同电子间的库伦相互作用势，以及电子相对原子核的势能。一般而言，求解这种多粒子体系薛定谔方程是很复杂的，往往难以完成。后来，人们诉诸各种近似方法来处理这类难求解的数学问题，使之简化而回到原本的物理问题上来。其中，波恩-奥本海默绝热近似和哈特里-福克近似方法的提出引起人们的重点关注。

2.1.1 Born-Oppenheimer 近似

Born（波恩）-Oppenheimer（奥本海默）近似的主要思想是认为可以把原子核的作用因素移除，从而认为体系实质上就是处于绝热环境下。在所研究的体系中，原子核比电子质量大很多，而且原子核的运动速度比起电子来说也慢很多，甚至可以认为原子核是不动的。出于对原子核的质量比电子大很多的考虑，人们把原子核近似认为是在电子平均势场中运动[6]，因而称之为绝热近似。在这种近似之下，原子核的动能项是被忽略掉的，薛定谔方程式（2.1）可简化成为电子的本征值方程：

$$\left[-\sum_i \nabla_i^2 + \sum_i V(r_i) + \frac{1}{2} \sum_{i, j} \frac{1}{|r_i - r_j|} \right] \psi_e(r) = E_e \psi_e(r) \tag{2.3}$$

2.1.2 Hartree-Fock 近似

在前面讨论的波恩-奥本海默近似当中，不可避免地遇到一个难以处理的问题，那就是电子之间的库伦相互作用，这一项的存在使得进一步分离变量变得困难起来。于是，在 1928 年由 Hartree（哈特里）提出了新的解决方案，即把其余电子对某个电子的作用进行所谓的平均化和球对称化处理。如果只考虑剩余电子的平均密度分布的话，电子的瞬时位置所产生的影响便可以忽略不计。按照这样的思路，可将体系的波函数与任意一个电子的波函数的关系简化：

$$\Psi(\boldsymbol{r}) = \sum_{i=1}^{n} \varphi_i(\boldsymbol{r}_i) = \varphi_1(\boldsymbol{r}_1)\varphi_2(\boldsymbol{r}_2)\cdots\varphi_N(\boldsymbol{r}_N) \tag{2.4}$$

于是得到单电子的 Hartree 方程：

$$\left[-\frac{\hbar^2}{2m_e}\nabla_i^2 + V(\boldsymbol{r}) + \sum_{j(\neq i)}\int \mathrm{d}\boldsymbol{r} \frac{|\varphi_j(\boldsymbol{r}')|^2}{|\boldsymbol{r}-\boldsymbol{r}'|} \right]\varphi_i(\boldsymbol{r}) = E_i\varphi_i(\boldsymbol{r}) \tag{2.5}$$

这样，就把多电子问题变为了单电子问题。进一步地，如果考虑进 Pauling 不相容原理的影响，由 Fock（福克）提出将波函数用 Slater 行列式的形式加以描述：

$$\Phi = \frac{1}{\sqrt{N}!} \begin{vmatrix} \varphi_1(r_1, s_1) & \varphi_2(r_1, s_1) & \cdots & \varphi_N(r_1, s_1) \\ \varphi_1(r_2, s_2) & \varphi_2(r_2, s_2) & \cdots & \varphi_N(r_2, s_1) \\ \vdots & \vdots & \vdots & \vdots \\ \varphi_1(r_N, s_N) & \varphi_2(r_N, s_N) & \cdots & \varphi_N(r_N, s_N) \end{vmatrix} \tag{2.6}$$

由此获得所谓的 Hartree-Fock 方程[7]：

$$\left[-\frac{\hbar^2}{2m_e}\nabla_i^2 + V(\boldsymbol{r}) + \sum_{j(\neq i)}\int \mathrm{d}\boldsymbol{r} \frac{|\varphi_j(\boldsymbol{r}')|^2}{|\boldsymbol{r}-\boldsymbol{r}'|} \right]\varphi_i(\boldsymbol{r}) -$$

$$\sum_{j(\neq i)}\int \mathrm{d}\boldsymbol{r} \frac{|\varphi_j^*(\boldsymbol{r}')\varphi_i(\boldsymbol{r}')|^2}{|\boldsymbol{r}-\boldsymbol{r}'|}\varphi_j(\boldsymbol{r}) = E_i\varphi_i(\boldsymbol{r}) \tag{2.7}$$

2.2 密度泛函理论与应用

密度泛函理论（Density Functional Theory，DFT）最早是由 H. Thomas 与 E. Fermi 两人提出的，后来经由 Hohenberg、Kohn、Sham 以及 Paerdew 等的发展而进一步完善起来。这套理论的精髓就是物质（原子、分子或固体材料）的基态性质可以由粒子数的密度值来表征，这样一来，大大简化了原来的多变量复杂因素，使得仅仅利用空间电荷密度这一唯一的物理量便可确定体系的基态性质。下面就具体的发展历程进行简单的回顾。

2.2.1　Thomas-Fermi 模型

Thomas-Fermi 模型最早是由 Thomas 和 Fermi 两位理论物理学家于 1927 年共同提出，认为电子是不受任何外力作用，电子与电子之间也是没有相互作用的，那么体系的能量（动能）就仅仅只是电子密度的函数[8,9]。由于这个模型太过于简化，后来 Dirac 提出需要在该模型中加入电子之间交换关联的作用[10]。即便如此，Thomas-Fermi-Dirac 理论仍旧是一个过于简单的模型，对于真实的物质体系没有太大的实际价值，所以其应用十分有限。

2.2.2　Hohenberg-Kohn 定理

具有突破性的进展是在 1964 年由 P. Hohenberg 和 W. Kohn 提出的具有严格意义上的密度泛函理论[11]，这个理论基于两条基本定理。

定理Ⅰ：在不考虑自旋因素的情况下，全同费米子系统的基态能量是粒子密度函数 $\rho(r)$ 的唯一泛函；

定理Ⅱ：存在这样一个普适性的能量泛函 $E(\rho)$，在粒子数不变的条件下，其最小值对应体系的基态能量，且对应的电荷密度为基态电荷密度 $\rho_0(r)$。

上述两个定理证实了体系的基态能量是由基态电荷密度唯一决定的，也就是说，能量是电荷密度的泛函。运用变分法可以得到基态密度函数，还能确定能量泛函的极小值，由定理Ⅱ可知，这个极小值就是体系的基态能量。定理Ⅰ和定理Ⅱ的提出为密度泛函理论后续的发展奠定了基础，原因在于它们把复杂的多粒子体系问题简化成了求解密度函数的问题。但是，对怎样获得电荷密度，以及如何确定动能泛函、交换关联能泛函等问题，却没有明确回答。

2.2.3　Kohn-Sham 方程

如果动能泛函能用一个已知的无相互作用粒子的动能泛函去代替的话，那么它具有与相互作用系统同样的密度函数，另外，可以把两者差别中难以化简的复杂部分合并到交换关联项中去。密度函数可以写成下式，其中 $\phi_i(r)$ 代表单粒子波函数：

$$\rho(r) = \sum_{i=1}^{N} |\phi_i(r)|^2 \tag{2.8}$$

对 ρ 的变分采取对 $\phi_i(r)$ 的变分来代替，拉格朗日乘子用 E_i 代替，那么可以

得到单电子方程:

$$\{ -\nabla^2 + V_{KS}[\rho(r)]\}\phi_i(r) = E_i\phi_i(r) \tag{2.9}$$

其中:

$$V_{KS}[\rho(r)] = v(r) + V_{Coul}[\rho(r)] + V_{xc}[\rho(r)]$$

$$= v(r) + \int dr' \frac{\rho(r')}{|r-r'|} + \frac{\delta E_{xc}[\rho(r)]}{\delta\rho(r)} \tag{2.10}$$

上述 3 个式子统称为 Kohn-Sham 方程[12]。通过计算 Kohn-Sham 方程,我们就可以通过粒子数密度精确求解多粒子复杂体系的基态能量、波函数,乃至各种物理算符的期望值。

2.2.4 自洽 DFT 计算

在前面的理论讨论中我们已经介绍了密度泛函理论的基本思想,下面我们需要对如何在实际的材料模拟计算中运用 DFT 原理做进一步说明。为便于阐述方便,我们将一个完整的基于密度泛函理论的自洽计算流程以示意图(图 2.1)的形式呈现出来。

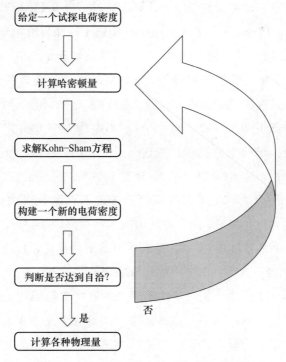

图 2.1 基于 DFT 的自洽迭代流程示意图

如图 2.1 所示，一个标准的 DFT 自洽迭代计算过程分为几个步骤。首先，需要选定一个初始的试探电荷密度 ρ，通过代入这个初始的电荷密度和选定一个合适的基组，来求解 Kohn-Sham 方程体系的本征值和本征矢。然后，得到一个新的电荷密度 ρ'，将它与前面一次的电荷密度进行比较，如果收敛则完成了计算过程；如果未达到收敛标准，则将 ρ' 和 ρ 采用某种算法进行混合后构建新的电荷密度。最后，再把这个混合后的电荷密度作为初始电荷密度代入求解本征方程，如此循环，直到最终收敛。至此，整个自洽迭代计算过程结束。根据这些结果，可以计算我们需要的各种物理量，最终实现对材料宏观性质的预测。

这里需要说明一下的是，费米-狄拉克统计仅仅只适用于处于平衡条件下的系统，因此，上面所描述的 DFT 计算方案并不适用于非平衡态下的研究体系。电子输运是一类典型的非平衡问题，因此必须使用能够正确描述基于量子统计的非平衡态输运的方法。

2.3　NEGF-DFT 方法简介

在我们的计算方法中，量子输运计算是通过结合 Keldysh 非平衡格林函数（Keldysh Non-Equilibrium Green's Function，NEGF）和自洽场理论（Self-Consistent Field theory，SCF）来实现的。这里的自洽场理论类似于 DFT，比如它也包含有动能、势能、交换关联势等。这些势能的表达形式甚至跟 DFT 里的相似，但是进入这些关联势的电子密度是由计算非平衡态下得来的，本质上还是与计算平衡态下的不一样。NEGF-SCF 不是像 DFT 那样靠求解总能的最小值，而是靠直接求解哈密顿量。在这一点上，NEGF-SCF 与 DFT 有着本质上的不同。所以说，NEGF-SCF 不是一套基于基态的理论。在过去的文献中，NEGF-SCF 理论是被称作 NEFG-DFT 是因为 SCF 有点像 DFT 的原因[13]。但是我们应该清楚地知道，NEFG-DFT 里的 DFT 与平衡态下的 DFT 是不同的。在下面的表述里，我们单纯使用 DFT 表示平衡态下的基态密度泛函理论，而使用"类 DFT"则表示 NEFG-DFT 中的自洽场理论。

利用 NEFG-DFT 方法计算的基本的思路是利用自洽场理论确定体系的哈密顿量和电子结构，利用非平衡格林函数方法计算非平衡下的密度矩阵，并考虑两端开放体系的边界条件。所谓的两端开放体系，指的是两端是半无限长的电极区和中间夹着的散射区所构成的体系。如果命名左端为左电极、右端为右电极，而中间区域为中心散射区的话，我们可以看出这样的结构形象地类似三明治结构。需要强调的是，左右电极的长度实质上是半无限长的，且截止于与中心区相交的界面处。而散射区不仅仅只包含了势垒材料的原子层，还应当包含部分的左/右电极区的原子层，即界面附近的原子层。针对这样的区域划分，我们也可以分别地计算它们各自的一些物理量。下面我们将讨论基本的计算方法。

为了描述的方便，我们将两端电极开放电子输运系统的示意图呈现在图 2.2 中。由该示意图我们可以看到，整个结构类似于一种"三明治"结构，即左右两边各为左、右电极，中间夹着势垒材料，形成 3 个不同的区域和两个异质界面。在这两个异质界面附近，原子的排布跟块状材料有明显的不同，一般来说，界面往往具有一定的粗糙度，即原子有"凸出"或者"凹进"的位置移动，这样形成的界面粗糙度，对于极化电子的输运具有散射作用，会影响到相应的透射效率。需要注意的是，在理想模型中，我们认为左电极是沿着 $-Z$ 方向无限延伸的，而右电极是沿着 $+Z$ 方向无限延伸的，这里我们定义"三明治"结构的横截面与 XY 平面平行，而垂直于 Z 方向（也就是输运方向）。由此我们可以认为电极材料是具有半无限长的结构并且它们提供输运边界条件限制：比如电子从左电极无限远处传输到左边界面附近，在中心区发生了散射，反射或者进入了右电极的区域。量子输运过程也就是一个关于散射过程中势能改变的问题，NEGF-DFT 方法就是通过计算这些自洽的势能从而预测最终的输运性质。

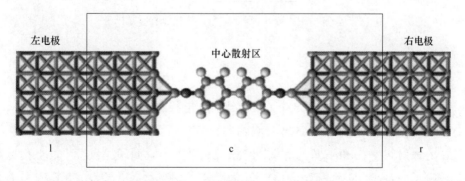

左电极   中心散射区   右电极

l   c   r

图 2.2 由左电极（l）、中心散射区（c）和右电极（r）构成的典型"三明治"结构示意图
（图片来自 NanoAcademic Technologies Inc.）

关于 NEGF-DFT 的流程图可以参看图 2.3。该图与前面的图 2.1 有一些相似的地方，但也存在着不同点，具体体现在：首先，既然 NEGF-DFT 方法是处理双电极甚至是多电极的体系，那么就必然涉及对若干个电极区域的自洽计算处理。其次，这里的密度矩阵元是通过 NEGF-DFT 里非平衡态环境下的处理，而不像密度泛函理论里简单地求解 Kohn-Sham 方程得出波函数那样的方式。量子输运过程是由加载在电极区上的有限外电场的驱动作用以形成定向的电流而通过整个器件的。最后，就数值计算和许多处理步骤而言，NEGF-DFT 方法与传统 DFT 也是有很大区别的。

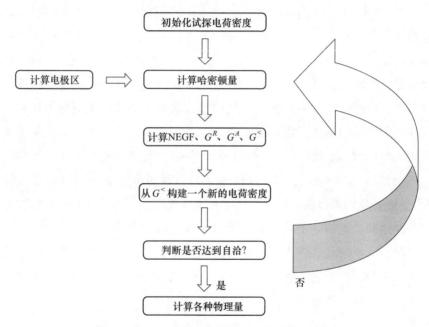

图 2.3   基于 NEGF-DFT 的自洽迭代流程示意图

2.3.1   计算电极区域

在图 2.1 中的半无限长电极（l 电极和 r 电极）扮演着多种角色。第一，它们起到传递电子波函数（Bloch 波函数）到中心区的作用。第二，它们提供中心散射区的 Hartree 势的静电边界条件。第三，它们还提供了中心散射区哈密顿量的自能。一个标准的电极包含了多个电极的超级晶胞，无限重复着以构成半无限长的结构。一开始，我们依据 DFT 计算出电极的哈密顿量，此时我们认为电极是无限延伸的。紧接着，切断无限延伸电极为半无限电极，存放电极表面势能 $V_s(x, y)$，下角标 s 代表电极-中心边界的 z 坐标。鉴于对电子输运的要求，电极都是由金属或合金构成的，那么当电压加载上去之后它们各处的电势是相等的。到此，如果 DFT 计算自洽收敛的话，电极的哈密顿量已经计算出来，同时也得到了 $V_s(x, y)$，先将它们存储起来以备后续计算时使用。

2.3.2 中心散射区的 Hartree 势

按照图 2.2 所示，当电极区域的计算完毕后，需要求解中心散射区域的哈密顿量。假设左、右电极施加 V_1 和 V_r 的电压，那么散射区获得的电势差为 $\Delta V = V_1 - V_r$，通过泊松方程和下述边界条件可以求解 Hartree 势：

$$V_H \mid_{Z_s} = V_s \mid_{Z_s} \tag{2.11}$$

左边项是散射区的 Hartree 势在电极-中心区的边界处的取值；右边项是电极区的 Hartree 势在相同的电极-中心区的边界处的取值。根据类 DFT 平均场理论，一旦 Hartree 势与边界匹配，电荷密度可以自动相匹配。当然，为了避免计算出现无效，中心区必须保证包含一部分电极区域的缓冲原子层在内。至于缓冲层需要多厚，则依据具体的问题和电极由何种材料而定。对于金属电极，例如金、银、铝等，4 个原子层的缓冲层就已经足够。为了确保数据的可靠性，我们可以计算取不同缓冲层的厚度来对比最终输运性质结果，通过这样才可以了解到当缓冲层层数取何值才对最终的结果影响甚微。

2.3.3 电极的自能（Self-Energy）

在 NEGF-DFT 方法中，任意电极 α 的贡献集合成为形成一个自能项 Σ_α 从而进入到中心区的哈密顿量里，这个过程的具体细节可以参照文献［14］的做法。利用 LCAO 基组可以使得 Σ_α 变为矩阵形式。Σ_α 同时也是电子能量 E 和周期系统动量 k 的函数。每一个电极对应的各自自能对中心区有贡献，因此，如果是两个电极的系统，则总的自能可以写成 $\Sigma = \Sigma_1 + \Sigma_r$。考虑到从电极处的自能项：

$$[ES_{\mu\nu'} - H_{\mu\nu'} - \Sigma_{\mu\nu'}]G_{\nu'\nu}(E) = \delta_{\mu\nu} \tag{2.12}$$

现在问题转化为求解 Σ_α 与半无限长电极 α 的表面格林函数的关系，而计算表面格林函数，文献上已经有不少报道，例如在文献［15，16］中就有专门论述，此处从略。

2.3.4   计算格林函数

接下来计算格林函数。关于格林函数在输运理论中的研究，在不少的文献已经有过相应的论述[14,17]。通过倒置矩阵来计算格林函数：

$$G^{R,A} = \left[ES - H - \Sigma^{R,A} \right]^{-1} \tag{2.13}$$

式中，上角标 R、A 表示延迟和超前量。利用 $G^A = (G^R)^+$，我们可以通过转置右边部分矩阵来计算 G^R。只要获得了 $G^{R,A}$，通过 Keldysh 方程可以计算 Keldysh-NEGF 下的 $G^<$：

$$G^< = G^R \Sigma^< G^A \tag{2.14}$$

其中：

$$\Sigma^< = i \sum_\alpha f_\alpha \Gamma_\alpha \tag{2.15}$$

而 f_α 就是电极 α 的费米方程，Γ_α 是由同一电极的线宽方程得来，即：

$$\Gamma_\alpha = i \left[\Sigma^R - \Sigma^A \right] \tag{2.16}$$

注意到前面一个式子是通过中心散射区的平均场理论来判断的。假如在中心散射区内存在着强关联作用的话，那么更复杂的 $\Sigma^<$ 就需要考虑进来了。

2.3.5   由 $G^<$ 计算 ρ

进一步地，我们将要通过 $G^<$ 计算密度矩阵 ρ 以及实空间电荷密度 $\rho(r)$。在 NEGF-DFT 中对 $\rho(r)$ 的计算是依据非平衡密度矩阵 ρ 进行的：

$$\rho = \frac{1}{2\pi} \left[\int_{-\infty}^{+\infty} dE G^< (E) \right] \tag{2.17}$$

而 ρ 就是 LCAO 轨道空间的一个矩阵。其实空间形式可以通过计算 LCAO 基组函数来得到：

$$\rho(r, r) = \sum_{\mu\nu} \langle \zeta_\mu(r) \mid G^<_{\mu\nu} \mid \zeta_{\mu\nu}(r') \rangle \tag{2.18}$$

r 和 r' 分别与轨道 ζ_μ 和 ζ_ν 对应。最后，电荷密度就变成了密度矩阵的对角元了，即：

$$\rho(r) = \rho(r, r) \tag{2.19}$$

实际上，式（2.17）是很难进行数值计算的，经过一系列处理，使之变成：

$$\rho = \frac{1}{\pi} \mathrm{Im} \left[\int_{-\infty}^{\mu_1} dE G^R(E) \right] + \frac{1}{2\pi} \left[\int_{\mu_1}^{\mu_r} dE G^< (E) \right] \tag{2.20}$$

这样一来，通过转化为式（2.20）使得复杂表达式离散化并能进行数值计算了。

2.3.6 自洽性判断

从前面已经得到了实空间的电荷密度，那么下一步就是需要检验它是否满足自洽条件。假设到了这一步的时候满足自洽收敛条件，那么我们就可以计算出所有的物理性质，如果不能，那么就回到初始条件再次进行迭代，直至最终收敛。

2.3.7 透射及透射通道

考虑到由多个电极组成的开放系统，在能量为 ε 的情况下，来自电极 α 当中的所有通道，并散射进入到另一电极 β 的通道的电子总概率可以用透射系数 $T_{\alpha\beta}(\varepsilon)$ 来进行描述，而该系数可通过格林函数来计算：

$$T_{\alpha\beta}(\varepsilon) = \mathrm{tr}\big[\,G^{\mathrm{r}}(\varepsilon)\,\Gamma_{\alpha}(\varepsilon)\,G^{a}(\varepsilon)\,\Gamma_{\beta}(\varepsilon)\,\big] \tag{2.21}$$

且：

$$\Gamma_{\alpha}(\varepsilon) \equiv i\big[\,\sum_{\alpha}^{\mathrm{r}}(\varepsilon)\,-\,\sum_{\alpha}^{a}(\varepsilon)\,\big] \tag{2.22}$$

式中，$\sum_{\alpha}^{\mathrm{r}}(\varepsilon)\,(\,\sum_{\alpha}^{a}(\varepsilon)\,)$ 为电极 α 的推迟（超前）自能量而符号 $\mathrm{tr}[\cdots]$ 代表 $[\cdots]$ 矩阵的迹。透射系数 $T_{\alpha\beta}(\varepsilon)$ 还可以通过散射矩阵元来计算，其中 p(q) 表示电极 $\alpha(\beta)$ 的通道。假如是理想体系的话，电子可以自由地通过该体系。由于在这样的理想体系中不存在散射现象，则 $s_{\beta q,\,\alpha p} = \delta_{\mathrm{qp}}$，并且透射系数 $T_{\alpha\beta}(\varepsilon)$ 减小为电极 α 的（开放）透射通道数。在我们的计算中，透射通道数的计算是通过计算体系中在某个指定方向上传播的 Bloch 波数获得。

2.4 群表示论在数学物理中的应用

群表示论用具体的线性群（矩阵群）来描述群的理论，是研究群的最有力的工具之一。群论在近代物理学特别是在量子力学中有广泛的应用。晶体学中的点群和空间群均为群，因此点群中的对称要素组合、组合定理及各种对称操作均可用群论的规律来加以阐述。在这里我们仅简要介绍群论在晶体中的实际应用。

2.4.1 晶体学点群简介

由于晶体学中的点群和空间群都是群论中的群，将群论作为一种数学工具可以用来研究晶体学中的许多问题，使得对部分问题的讨论更为简明而透彻。首先，必须满足一些基本要素的元素的组合才能够成为群，这些基本要素为：

（1）群中任意两个元素的乘积或任意一个元素的平方仍为群中的一个元素；

（2）群中必有一个元素可与群中其他元素交换而使得它们不变；

（3）群中元素满足结合律；

（4）群中任一元素必有逆元素且该逆元素仍为群中的元素。

晶体学中的点群和空间群显然符合群的上述 4 个基本规律，所以晶体点群和空间群都是群，服从群论的各项规律。晶体学中的各种对称操作可以用矩阵来描述其坐标变换，用矩阵表象来表示对称操作的运算更为具体和形象化。晶体结构可能具有的对称动作群有 230 种，称为晶体学空间群；与晶体理想外形与宏观物理性质对应的对称类型有 32 种，称作晶体学点群；与晶体衍射对称类型对应的有 11 种，称为劳厄群。另外，根据晶体的晶系特征对称元素，将晶体划分为 7 个晶系。上述划分均属晶体学对称性范畴，具体细节见表 2.1。

表 2.1　230 种晶体学空间群记号

晶系	点群			空间群							
	国际符号	圣佛利斯符号	极性点群的极性方向								
三斜晶系	1	C_1	$[hkl]$	$P1$							
	-1	C_i		$P\text{-}1$							
单斜晶系	2	$C_2^{(1\text{-}3)}$	$[010]$	$P2$	$P2_1$	$C2$					
	m	$C_s^{(1\text{-}4)}$	$[h0l]$	Pm	Pc	Cm	Cc				
	$2/m$	$C_{2h}^{(1\text{-}6)}$		$P2/m$	$P2_1/m$	$C2/m$	$P2/c$	$P2_1/C$	$C2/c$		
正交晶系	222	$D_2^{(1\text{-}9)}$		$P222$	$P222_1$	$P2_12_12$	$P2_12_12_1$	$C222_1$	$C222$	$F222$	$I222$ $I2_12_12_1$
	$mm2$	$C_{2v}^{(1\text{-}22)}$	$[001]$	$Pmm2$	$Pmc2_1$	$Pcc2$	$Pma2$	$Pca2_1$	$Pnc2$	$Pmn2_1$	$Pba2$ $Pna2_1$
				$Pnn2$	$Cmm2$	$Cmc2_1$	$Ccc2$	$Amm2$	$Abm2$	$Ama2$	$Aba2$ $Fmm2$
				$Fdd2$	$Imm2$	$Iba2$	$Ima2$				
	mmm	$D_{2h}^{(1\text{-}28)}$		$Pmmm$	$Pnnn$	$Pccm$	$Pban$	$Pmma$	$Pnna$	$Pmna$	$Pcca$ $Pbam$
				$Pccn$	$Pbcm$	$Pnnm$	$Pmmn$	$Pbcn$	$Pbca$	$Pnma$	$Cmcm$ $Cmca$
				$Cmmm$	$Cccm$	$Cmma$	$Ccca$	$Fmmm$	$Fddd$	$Immm$	$Ibam$ $Ibca$
				$Imma$							

续表2.1

晶系	国际符号	圣佛利斯符号	极性点群的极性方向	空间群								
四方晶系	4	$C_4^{(1-6)}$	[001]	P4	P4$_1$	P4$_2$	P4$_3$	I4	I4$_1$			
	-4	$S_4^{(1-2)}$		P-4	I-4							
	4/m	$C_{4h}^{(1-6)}$		P4/m	P4$_2$/m	P4/n	P4$_2$/n	I4/m	I4$_1$/a			
	422	$D_4^{(1-10)}$		P422	P42$_1$2	P4$_1$22	P4$_1$2$_1$2	P4$_2$22	P4$_2$2$_1$2	P4$_3$22	P4$_3$2$_1$2	I422
				I4$_1$22								
	4mm	$C_{4v}^{(1-12)}$	[001]	P4mm	P4bm	P4$_2$cm	P4$_2$nm	P4cc	P4nc	P4$_2$mc	P4$_2$bc	I4mm
				I4cm	I4$_1$md	I4$_1$cd						
	-42m	$D_{2d}^{(1-12)}$		P-42m	P-42c	P-42$_1$m	P-42$_1$c	P-4m2	P-4c2	P-4b2	P-4n2	I-4m2
				I-4c2	I-42m	I-42d						
	4/mmm	$D_{4h}^{(1-20)}$		P4/mmm	P4/mcc	P4/nbm	P4/nnc	P4/mbm	P4/mnc	P4/nmm	P4/ncc	P4$_2$/mmc
				P4$_2$/mcm	P4$_2$/nbc	P4$_2$/nnm	P4$_2$/mbc	P4$_2$/mnm	P4$_2$/nmc	P4$_2$/ncm	I4/mmm	I4/mcm
				I4$_1$/amd	I4$_1$/acd							
三方晶系	3	$C_3^{(1-4)}$	[001]	P3	P3$_1$	P3$_2$	R3					
	-3	$C_{3i}^{(1-2)}$		P-3	R-3							
	32	$D_3^{(1-7)}$		P312	P321	P3$_1$12	P3$_1$21	P3$_2$12	P3$_2$21	R32		
	3m	$C_{3v}^{(1-6)}$	[001]	P3m1	P31m	P3c1	P31c	R3m	R3c			
	-3m	$D_{3d}^{(1-6)}$		P-31m	P-31c	P-3m1	P-3c1	R-3m	R-3c			
六方晶系	6	$C_6^{(1-6)}$	[001]	P6	P6$_1$	P6$_5$	P6$_2$	P6$_4$	P6$_3$			
	-6	$C_{3h}^{(1)}$		P-6								
	6/m	$D_{6h}^{(1-2)}$		P6/m	P6$_3$/m							
	622	$D_6^{(1-6)}$		P622	P6$_1$22	P6$_5$22	P6$_2$22	P6$_4$22	P6$_3$22			
	6mm	$C_{6v}^{(1-4)}$	[001]	P6mm	P6cc	P6$_3$cm	P6$_3$mc					
	-6m2	$D_{3h}^{(1-4)}$		P-6m2	P-6c2	P-62m	P-62c					
	6/mmm	$D_{6h}^{(1-4)}$		P6/mmm	P6/mcc	P6$_3$/mcm	P6$_3$/mmc					
立方晶系	23	$T^{(1-5)}$		P23	F23	I23	P2$_1$3	I2$_1$3				
	M-3	$T_h^{(1-7)}$		Pm3	Pn3	Fm3	Fd3	Im3	Pa3	Ia3		
	432	$O^{(1-8)}$		P432	P4$_2$32	F432	F4$_1$32	I432	P4$_3$32	P4$_1$32	I4$_1$32	
	-43m	$T_d^{(1-6)}$		P-43m	F-43m	I-43m	P-43n	F-43c	I-43d			
	M-3m	$O_h^{(1-10)}$		Pm-3m	Pn-3m	Pm-3n	Pn-3m	Fm-3m	Fm-3c	Fd-3m	Fd-3c	Im-3m
				Ia-3d								

2.4.2　Heusler 合金中的空间点群

在 1.4 节里我们简要介绍了 Heusler 合金的晶体学结构以及原子无序的结构。现在我们从空间点群的角度讨论关于 Heusler 合金（即半 Heusler 和全 Heusler 合金）的所有可能的原子排布情况。

如前面所述，半 Heusler 合金具有 XYZ 这样的三元合金化学通式，3 种元素的配比是 $1:1:1$；而全 Heusler 合金具有 X_2YZ 的三元合金化学通式，3 种元素的配比为 $2:1:1$，与它们相关联的各类结构的详细信息参见表 2.2。

表 2.2　各类不同原子占位情况下的化学通式、Strukturberichte（SB）表示法以及空间群

占　位	通用式	SB	空间群
$4a$, $4b$, $4c$	XYZ	$C1_b$	$F\bar{4}3m$(No. 216)
$4a=4b$, $4c$	XZ_2	C1	$Fm\bar{3}m$(No. 225)
$4a$, $4b$, $4c=4d$	X_2YZ	$L2_1$	$Fm\bar{3}m$(No. 225)
$4a=4b$, $4c=4d$	XZ	B2	$Pm\bar{3}m$(No. 221)
$4a=4c$, $4b=4d$	XZ	B32a	$Fd\bar{3}m$(No. 227)
$4a=4b=4c=4d$	X	A2	$Im\bar{3}m$(No. 229)

在这里，我们将详细地列出以下常见的 4 类 Heusler 合金的空间群结构参数：

（1）全 Heusler 合金（Full-Heusler Alloys）；

（2）半 Heusler 合金（Half-Heusler Alloys）；

（3）反 Heusler 合金（Inverse-Heusler Alloys）；

（4）四元 Heusler 合金（Quaternary-Heusler Alloys）。

材料的各种物理、化学性质严重地依赖于其内部原子排布情况。理想情况下的半 Heusler 和全 Heusler 合金分别具有 $C1_b$ 和 $L2_1$ 的结构，分别属于 F-43m 和 Fm-3m 的空间群。但是，实验上观测到的晶体结构或多或少、或这或那具有不同类型原子无序排布的情况可能。通过对半 Heusler 和全 Heusler 合金 XRD 相对峰值强度的观测发现，Heulser 合金中存在着若干种原子无序，例如 B2、DO_3、A2 无序等。这些常见的无序结构是由于原子的占位情况发生了改变所致，见表 2.3 和表 2.4。T. Graf 等人专门对 Heusler 合金的各种有序和无序结构之间的演变规律做了归纳，并以简洁的图画形式表现出来，如图 2.4 所示。

表 2.3 几种常见的 Heusler 合金类型

类 型	元素比	对称性	空间群	结构图
全 Heusler 合金	2 : 1 : 1	*Fm-3m*	225	全Heusler合金结构
半 Heusler 合金	1 : 1 : 1	*F-43m*	216	半Heusler合金结构
反 Heusler 合金	2 : 1 : 1	*F-43m*	216	反Heusler合金结构

续表2.3

类 型	元素比	对称性	空间群	结构图
四元 Heusler 合金	1 : 1 : 1 : 1	$F\text{-}43m$	216	 四元Heusler合金结构

表 2.4   各种无序情况下的化学通式、Strukturberichte（SB）表示法以及对应的空间群记号

占 位	通用式	SB	空间群
X, X', Y, Z	XX'YZ	Y	$F\bar{4}3m(\text{No. }216)$
X=X, Y, Z	X_2YZ	$L2_1$	$Fm\bar{3}m(\text{No. }225)$
X, X'=Y, Z	XX'_2Z	X	$F\bar{4}3m(\text{No. }216)$
X=X'=Y, Z	X_3Z	DO_3	$Fm\bar{3}m(\text{No. }225)$
X=X', Y=Z	X_2Y_2	B2	$Pm\bar{3}m(\text{No. }221)$
X=Y, X'=Z	$X_2X'_2$	B32a	$Fd\bar{3}m(\text{No. }227)$
X=X'=Y=Z	X_4	A2	$Im\bar{3}m(\text{No. }229)$

图 2.4 展示了 Heusler 结构各种无序类型之间空间群-子群的转换关系。这些可能发生的无序类型，同样可出现在半 Heusler 合金中，并且空位占据的方式为随机分布在所有位置上，只有在 CaF_2 类型无序中空位是保留下来的。其中，Klassengleiche(k) 和 Translationsgleiche(t) 为晶体学或者群论当中专业术语（来自德语），分别表示"指类型相同，但晶胞参数不同"和"指晶胞参数相同但对称性不一定相同"。紧跟它们后面的数字是指对称性降低的指数。对半 Heusler 合金来说，原子若只占据 4a 和 4b 的 Wyckoff 位置坐标则形成类似于 CaF_2 类型的结构，如图 2.5（a）所示，即 C1，空间群 $Fm\text{-}3m$，空间群号 225。而假如某些空位的出现，同时存在着原子相互之间的交换，则可以形成诸如图 2.5（c）中的 Cu_2MnAl 型结构（$L2_1$，空间群 $Fm\text{-}3m$，空间群号 225）、图 2.5（d）中的 CsCl 型结构（B2，空间群 $Pm\text{-}3m$，空间群号 221）以及图 2.5（e）中的钨单质结构（空间群 $Im\text{-}3m$，空间群号 229）。对全 Heusler

合金来说，也存在类似的各种无序结构。例如，Y 和 Z 随机交换形成的 CsCl 型结构，如图 2.6（a）所示；Y 和 X 随机交换形成 BiF₃ 型结构，如图 2.6 （b）所示；X/Z 和/或 X/Y 随机交换，形成 NaTl 型结构，如图 2.6（d）所示；以及 X/Y/Z 完全的交换无序形成 W 晶体结构类型，如图 2.6（c）所示。需要说明的是，在实际 Heusler 合金材料里，若干种不同的无序情况的往往同时发生，即存在组合式无序效应的可能。

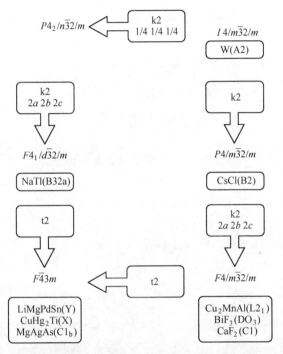

图 2.4 全 Heusler 合金各种无序结构的空间群和子群相互关系的 Bärnighausen 树形表示

（Klassengleiche（k）和 Translationsgleiche（t）指数也在图中标示出来）

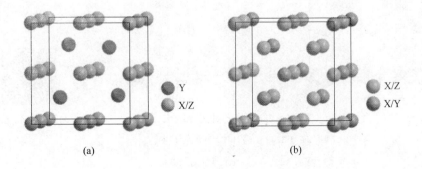

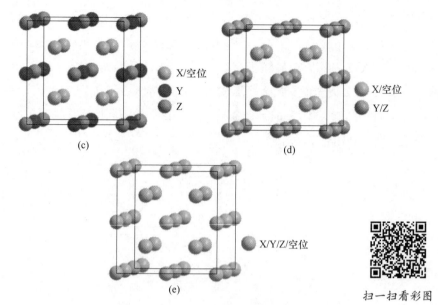

图 2.5　半 Heusler 合金各种无序结构

（a）CaF$_2$ 型无序（C1）；（b）NaTl 型无序（B32a）；（c）Cu$_2$MnAl 型无序（L2$_1$）；

（d）CsCl 型无序（B2）；（e）W 型无序（A2）

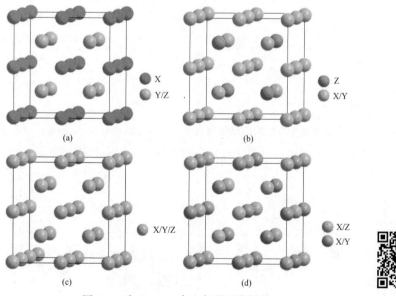

图 2.6　全 Heusler 合金各种无序结构

（a）CsCl 型无序（B2）；（b）BiF$_3$ 型无序（DO$_3$）；

（c）W 型无序（A2）；（d）NaTl 型无序（B32a）

扫一扫看彩图

2.5 使用到的软件和硬件平台

在开展本书的研究工作中，我们使用了几款第一性原理计算软件来实现建立原子结构模型、原子弛豫、电子结构和磁性的计算、输运性质计算等目标。使用到的商业软件主要包括 MS 工作平台（主要用到了建模工具与 CASTEP 计算模块）、VASP 程序包以及 NANODCAL 程序包。这些软件已经成功安装在本研究小组的商业计算机群上，并能够实现大规模并行计算。下面我们将简要地介绍这几款软件以及所使用硬件的基本情况。

2.5.1 本书使用到的软件平台

2.5.1.1 Materials Studios 套件

Materials Studios（MS）平台是美国 Accelrys 公司专门为材料科学领域研究者开发的一款可运行在 PC 上的模拟软件。其中第一个模块 Materials Visualizer 为我们提供了一个非常友好的用户界面。作为 Materials Studios 平台的核心模块之一，使用 Materials Visualizer 可以方便地建立三维晶体结构模型图像，也可以操作、观察及分析我们设计的结构模型，本书所涉及的结构模型包括：块体材料、表面材料、界面材料以及多层 Layer 等空间模型。除此之外，另外一个名为 CASTEP 的模块也是嵌入在 MS 中的一款基于第一性原理方法的量子力学程序。该程序起初是由剑桥大学凝聚态物理小组开发和维护的，现在作为一个子模块被封装在了 Materials Studios 平台中，方便科研人员将其与其他模块同时调用，从而可以大大提高工作效率。在本书中，我们所使用的 MS 版本号为 6.0。

2.5.1.2 VASP 程序包

VASP 是"维也纳从头算模拟软件包"英文名称首字母缩写，同上面的 CASTEP 一样，它也是一款基于 DFT 非常流行的计算软件，当前的最新版本为 5.4.1。VASP 是从 CASTEP 的基础上发展起来的，但与 CASTEP 不同的是，在 VASP 中后来使用了缀加投影波方法（PAW）和超软赝势（USPP）。VASP 的功能非常强大，能够计算诸如材料的结构参数和构型、材料的状态方程和力学性质（体弹性模量和弹性常数）、计算材料的电子结构（能级、电荷密度分布、能带、态密度）、材料的光学性质、磁学性质、晶格动力学性质（声子谱等），可以进行表面体系的模拟（重构、表面态和 STM 模拟）、从头分子动力学模拟，以及计算材料的激发态（GW 准粒子修正）等。该代码使用Fortran 语言编写，运行时需要使用大量数学库文件。在本书中，我们所使用的 VASP 版本号为 4.6.28。

2.5.1.3　NANODCAL 程序包

基于密度泛函理论（DFT）和 Keldysh 非平衡格林函数方法（NEGF），NANODCAL 是一款可进行从头算（Ab initio）非线性模拟和非平衡态量子输运计算的运行在 Linux 系统上的通用软件，由加拿大纳米科学技术公司（NanoAcademic Technologies Inc.）开发并授权使用。在其官方网站上提供的代码可以在单个 CPU 进行串行运算（http：//www. nanoacademic. ca/index. jsp）。为了获得更快的速度和更高的效率，推荐使用并行计算模式。在编译安装时需要用到 C 编译器和 Matlab 程序，如果需要在并行条件下运行，则还需要预装 MPICH2 或 OPENMPI。该程序包当前最新版本为"NANODCAL-20160301"，在本书中，我们所使用的版本为"NANODCAL-20141201"。

2.5.2　本书使用到的硬件平台

开展本书的研究工作利用到的计算资源是基于深圳宝德公司提供的四子星平台及相关存储等子系统。其中，计算能力是建立在英特尔至强 E5-2690 V2 处理器的高密度计算服务器上的，具备高达 3.0GHz 主频及 25M 二级缓存。各计算节点是相互独立的，可同时完成多任务、进行大数据集处理，能有效缩短工作运行时间。

参 考 文 献

［1］Parr R G. Density functional theory of atoms and molecules ［M］. Horizons of Quantum Chemistry. Springer, Dordrecht, 1980：5~15.

［2］Dreizler R M, Gross E K U. Density functional theory：an approach to the quantum many-body problem ［M］. Springer Science & Business Media, 2012.

［3］Varley J B, Weber J R, Janotti A, et al. Oxygen vacancies and donor impurities in β-Ga_2O_3

[J]. Applied Physics Letters, 2010, 97 (14): 142106.

[4] Taylor J, Guo H, Wang J. Ab initio modeling of quantum transport properties of molecular electronic devices [J]. Physical Review B, 2001, 63 (24): 245407.

[5] Waldron D, Haney P, Larade B, et al. Nonlinear spin current and magnetoresistance of molecular tunnel junctions [J]. Physical Review Letters, 2006, 96 (16): 166804.

[6] Born M, Huang K. Dynamical theory of crystal lattices Oxford University Press [J]. London, New York, 1954.

[7] Bethe H A, Salpeter E E. The helium atom without external fields [M]. Quantum Mechanics of One-and Two-Electron Atoms. Springer, Boston, MA, 1977: 118~205.

[8] Thomas L H. The calculation of atomic fields [C] // Mathematical Proceedings of the Cambridge Philosophical Society. Cambridge University Press, 1927, 23 (5): 542~548.

[9] Fermi E. Un metodo statistico per la determinazione di alcune priorieta dell'atome[J]. Rend. Accad. Naz. Lincei, 1927, 6 (602~607): 32.

[10] Dirac P A M. Note on exchange phenomena in the Thomas atom [C] // Mathematical proceedings of the Cambridge philosophical society. Cambridge University Press, 1930, 26 (3): 376~385.

[11] Hohenberg P, Kohn W. Inhomogeneous electron gas [J]. Physical Review, 1964, 136 (3B): B864.

[12] Kohn W. Density functional and density matrix method scaling linearly with the number of atoms [J]. Physical Review Letters, 1996, 76 (17): 3168.

[13] Taylor J, Guo H, Wang J. Ab initio modeling of quantum transport properties of molecular electronic devices [J]. Physical Review B, 2001, 63 (24): 245407.

[14] Datta S. Electronic transport in mesoscopic systems [M]. Cambridge University Press, 1997.

[15] Sancho M P L, Sancho J M L, Rubio J. Quick iterative scheme for the calculation of transfer matrices: application to Mo(100) [J]. Journal of Physics F: Metal Physics, 1984, 14 (5): 1205.

[16] Sanvito S, Lambert C J, Jefferson J H, et al. General Green's-function formalism for transport calculations with spd Hamiltonians and giant magnetoresistance in Co- and Ni-based magnetic multilayers [J]. Physical Review B, 1999, 59 (18): 11936.

[17] Haug H, Jauho A P. Quantum kinetics in transport and optics of semiconductors [M]. Berlin: Springer, 2008.

3 Co 基 Heusler 合金电极材料稳定性研究

3.1 引言

Full-Heusler 合金材料已被证实具有多种优良性质而有着非常广泛的潜在应用价值，已经获得人们越来越多的关注[1,2]。符合标准化学计量比的 Full-Heusler 合金可记为统一化学式 X_2YZ，其中，X 和 Y 代表两种不同的过渡金属元素，而 Z 代表一种主族元素。作为一项重要的应用，以 Heusler 合金作为铁磁性（Ferro-Magnetic，FM）电极材料的极化电流垂直于平面型的（Current Perpendicular to Plane，CPP）巨大磁电阻结（Giant Magneto-Resistance，GMR）已在产业界得到大量的应用。在高密度磁盘研发领域（High Density Hard Driver，HDD），以巨磁电阻结为核心部分的下一代磁性读取磁头被列入重点开发名单。同时，作为自旋力矩转移（Spin Transfer Torque，STT）器件的核心部分，巨磁电阻结在自旋随机存储技术领域亦大有作为[3,4]。正是由于具有较高的居里温度、高度的自旋极化率以及较大的磁矩等特点，Co 基 Heusler 合金作为一类重要的候选材料已经广泛地被作为 CPP-GMR 器件的电极材料来使用[5~7]。在数量众多的 Co 基 Heusler 合金优秀候选材料里面，Co_2CrAl 曾被预言在费米面附近具有完全的自旋极化性质。该理论上预测出来的可能优势吸引着人们近年来对它系的研究。这些研究包括，对 Co_2CrAl/Cu_2CrAl 异质界面的研究以及对 $Co_2CrAl/NaNbO_3/Co_2CrAl$ 磁性隧道结（MTJ）的研究[8,9]。与 Co_2CrAl 非常接近的另一种合金——Co_2CrSi 也在理论上被预测具有高自旋极化特征。同样地，以 Co_2CrSi 为电极材料的 $Co_2CrSi/Cu_2CrAl/Co_2CrSi$ 型 GMR 器件也被加以重视并纳入系统的研究范围。其研究结果表明，这种三明治结构在理论上是被预测具有优良的磁输运性能的[10]。先前对 Co_2CrGa 的研究也证实了使用 Co_2CrGa 也能够起到提高磁阻的作用[11]。

对大多固体材料而言，对其弹性和热力学性质的研究被视为材料设计的基础性研究，而且这也是了解化学结合方式和材料组合方式的重要途径。进一步地，包括块体积模量和剪切模量在内的弹性常数能有效反映出材料对外力的承受能力，而这往往是确定该材料的拉伸及硬度指标的办法。另外，热力学性质作为温度和压强的函数，还起着研究相变的重要作用[12]。上述方法对进一步认知 Heusler 合金是很有效的。对某些重要三元合金材料，如 Ni_2XAl（X＝Ti, V, Zr, Nb, Hf, Ta）[13]、Rh_2MnZ（Z＝Ge, Sn, Pd）[14]、Co_2MnX（X＝Si, Ge, Al, Ga）[6]和 Ni_2ZrX（X＝Sn, Sb）[15]，很多人采用密度泛函理论及准谐方法深入研究过它们的力学及热力学等性质[16]。然而，文献中却鲜有关于Co 基 Heusler 合金的稳定性和热力学性质的报道[17]。在某些 Co 基 Heusler 合金中，例如 Co-Cr-Z（Z＝Si, Al, Ga）三元合金，值得注意的是，据文献报道CoCr 合金（σ 相）通常以二元和三元化合物的形式存在[18]，这意味着 $L2_1$ 结构的 Co_2CrZ 化合物可能是不稳定的，因为它很可能会分解为 σ 相、Co_2Z 相、Cr 单质项和 Z 单质相等。通过第一性原理计算其熵值，发现 Co_2CrSi 是热力学亚稳定的[19]。众所周知，对于材料的应用来说其稳定的半金属性是必要的。而在 Co 基 Heusler 合金研究领域，关于温度和压强对其自旋极化率有何影响仍很少有相关报道，尽管我们已经知道过低的居里温度会制约材料的开发价值。

为进一步深入了解这类合金以及弥补该研究领域的空白，我们研究了诸如 Co_2CrAl、Co_2CrGa、Co_2ScAl 和 Co_2ScGa 等三元 Heusler 合金的电子结构、弹性及热力学性质，使用的方法为第一性原理计算和准谐德拜模型。

3.2 计算方法

基于密度泛函理论的第一性原理计算是通过使用 CASTEP 程序来完成的[20]。采用了 Perdew-Burke-Ernzerhof（PBE）交换关联势以及 GGA（Generalized Gradient Approximation）近似方法[21]，同时还利用了 PAW 赝势（Projector Augmented Wave）。对波函数的截断能取的是 500eV，基于Monkhorst-Pack 方法[22]，布里渊区 k 点取值为 13×13×13。Co 基 Heusler 合金Co_2YZ（Y＝Cr, Sc; Z＝Al, Ga）中各原子的价电子选择分别为 $Co(3d^74s^2)$、$Sc(3d^14s^2)$、$Cr(3d^54s^1)$、$Al(3s^23p^2)$ 和 $Ga(4s^24p^1)$。通过利用 Broyden-Fletcher-Goldfarb-Shanno（BFGS）最小化技术[23]获取基态信息，从而使结构满足以下条件后达到优化状态（每种结构的优化都是在对应的压强之下）：原

子总能低于 1.0×10^{-8} eV，最大受力小于 $0.001\text{eV}/\text{Å}$❶，最大拉伸小于 0.002GPa 且最大位移小于 5.0×10^{-9} nm。完成上述结构弛豫过程之后，我们获得了不同静压力下的最低总能和最优化的晶胞信息。为了计算各种压强下的弹性常数，我们采用了与前面相同的截断能和 k 点值。由此，通过这些方法，我们获得了总能 (E)、晶格常数 (a)、弹性常数 (C_{ij}) 以及体积模量 (B)，具体的细节讨论如下。

首先，我们可以通过拟合三阶 Birch-Murnaghan 状态方程来获得能量-体积曲线 (E-V Curve)[24, 25]：

$$E(V) = E_0 + \frac{9V_0B_0}{16}\left\{\left[\left(\frac{V_0}{V}\right)^{\frac{2}{3}} - 1\right]^3 B'_0 + \left[\left(\frac{V_0}{V}\right)^{\frac{2}{3}} - 1\right]^2 \times \left[6 - 4\left(\frac{V_0}{V}\right)^{\frac{2}{3}}\right]^3\right\}$$

(3.1)

式中，V_0、V、B_0、B'_0 和 E_0 分别代表零压下平衡态下的体积、形变后的体积、体积模量、体积模量对压强的导数以及零压强下的平衡态能量。压强 P 作为归一化体积比 V/V_0 的函数，可以从热动力学关系式获得：

$$P(V) = -\frac{\mathrm{d}E}{\mathrm{d}V} = \frac{3B_0}{2}\left[\left(\frac{V_0}{V}\right)^{\frac{7}{3}} - \left(\frac{V_0}{V}\right)^{\frac{5}{3}}\right] \times \left\{1 + \frac{3}{4}(B'_0 - 4) \times \left[\left(\frac{V_0}{V}\right)^{\frac{2}{3}} - 1\right]\right\}$$

(3.2)

Co_2YZ($Y=Sc$, Cr; $Z=Al$, Ga) 的弹性常数则可以通过应力-应变关系来获取。我们知道，弹性常数是反映合金材料对外部作用力抵抗能力的物理量。通过系统地研究弹性性质，我们可以摸索出原子的化学键结合细节和合金材料各组分之间的结合细节。在极小的应力范围之内，Heusler 合金的应变从 X 变为 JX，其中 J 代表 Jacobian 矩阵。该体系的内能可以表示为以下式子[26]：

$$E(X, \eta) = E(X, 0) + V(X) \times \left(\sum_{ij} t_{ij}\eta_{ij} + \frac{1}{2}\sum_{ijkl} C_{ijkl}\eta_{ij}\eta_{kl} + \cdots\right)$$

(3.3)

式中，η 为 Lagrangian 应力张量 $\eta = (J^T J - 1)/2$[27]。在形变发生前，应力张量保持为 t_{ij}。在任意压强下，该合金的弹性常数可以写成：

$$C_{ijkl} = \left(\frac{\partial \tau_{ij}(X, \eta)}{\partial \eta_{kl}}\right)_{\eta=0} = \frac{1}{V(X)}\left(\frac{\partial^2 E(X, \eta)}{\partial \eta_{ij}\,\partial \eta_{kl}}\right)_{\eta=0} \qquad (3.4)$$

---

❶　$1\text{Å}=0.1\text{nm}$。

因为应力和应变张量是对称的，因此大多数的弹性刚度张量可以拥有 21 个非零的独立的元素。弹性常数可以用角标表示为 $C_{ij} = C_{ji}$，i，$j = 1, 2, \cdots, 6$，这时我们使用标准符号 $xx = 1$、$yy = 2$、$zz = 3$、$yz = 4$、$zx = 5$、$xy = 6$。通过计算一个很小的应力施加在结构优化后的晶胞上应变的改变，我们可以确定出该体系的一系列弹性常数的值来。利用计算在极小应力下的各个应变张量元素 $\delta^{[28]}$，Co_2YZ 这类 Heusler 合金的弹性常数即可计算出来，并且弹性能量增量 ΔE 可以表示为：

$$\Delta E = V/2 \sum_{i=1}^{6} \sum_{j=1}^{6} C_{ij} e_i e_j \tag{3.5}$$

式中，V 为未形变的晶胞体积；C_{ij} 为弹性常数的矩阵元；应力向量 $e = (e_1, e_2, e_3, e_4, e_5, e_6)$。

我们知道 Heusler 合金 Co_2YZ 是属于立方晶体的，而立方晶体都具有 3 个独立的弹性常数，即 C_{11}、C_{12} 和 C_{44} [29]。因此，利用 3 组方程可以完全确定弹性常数值。具体的形式见下面的表述。首先，通过第 1 组方程可以计算 C_{44}，这时候所利用的应力矢量为 $e = (0, 0, 0, \delta, \delta, \delta)$：

$$\Delta E/V = 3C_{44}\delta^2/2 \tag{3.6}$$

第 2 组表达式包含了应力矢量 $e = (\delta, \delta, 0, 0, 0, 0)$ 用以计算 $C_{11} + C_{12}$：

$$\Delta E/V = (C_{11} + C_{12})\delta^2 \tag{3.7}$$

类似地，第 3 组的 $C_{11} + 2C_{12}$ 通过使用应力矢量 $e = (\delta, \delta, \delta, 0, 0, 0)$ 而得以计算出来：

$$\Delta E/V = 3(C_{11} + 2C_{12})\delta^2/2 \tag{3.8}$$

通过获取上述 3 组关于 $\Delta E/V$ 与 δ 之间的数据关系，弹性常数就可以被计算出来。

考虑到体系所处的静压力环境，也就是说，$\tau_{ij} = -P\delta_{ij}$，非零的各弹性刚量的参数值可以写成下面的形式[26, 27]：

$$\begin{cases} c_{11} = C_{11} - P \\ c_{12} = C_{12} + P \\ c_{44} = C_{44} - P \end{cases} \tag{3.9}$$

另外，有且只有满足以下条件时，相结构才是具备力学稳定性的[30]：

$$\begin{cases} c_{11} + 2c_{12} > 0 \\ c_{44} > 0 \\ c_{11} - c_{12} > 0 \end{cases} \tag{3.10}$$

对立方晶系而言，体积模量 B、剪切模量 G、杨氏模量 E 和泊松系数 v 可以从 C_{ij} 的值中获取。使用 Voigt-Reuss-Hill 平均法[31]，体积模量 B（包括绝热体模量 B_S）和剪切模量 G 可以由下面的式子确定：

$$\begin{cases} B = B_S = \dfrac{1}{2}(B_R + B_V) \\ G = \dfrac{1}{2}(G_V + G_R) \end{cases} \tag{3.11}$$

式中，R 和 V 为 Reuss 和 Voigt 边界条件。对立方晶系而言，它们可以写成[32]：

$$\begin{cases} B_V = B_R = \dfrac{1}{3}(c_{11} + 2c_{12}) \\ G_V = \dfrac{1}{5}(c_{11} - c_{12} + 3c_{44}) \\ G_R = \dfrac{5(c_{11} - c_{12})c_{44}}{4c_{44} + 3(c_{11} - c_{12})} \end{cases} \tag{3.12}$$

杨氏模量 E 和泊松系数 v 能够从体积模量 B 和剪切模量 G 中计算出来：

$$\begin{cases} E = \dfrac{9GB}{3B + G} \\ v = \dfrac{3B - 2G}{2(3B + G)} \end{cases} \tag{3.13}$$

准谐德拜模型被用于计算动力学函数。晶体相的非平衡吉布斯能可以写为[33]：

$$G^*(\boldsymbol{x}; P, T) = E(\boldsymbol{x}) + PV(\boldsymbol{x}) + A_{vib}(\boldsymbol{x}; T) \tag{3.14}$$

式中，位置坐标 $\boldsymbol{x}$ 为所有给定晶格结构的原子几何位置信息；$E(\boldsymbol{x})$ 为每个晶胞的总能；PV 为对应于静态压强下的乘积；A_{vib} 为振动 Helmholtz 自由能，来源于准谐近似[33]：

$$A_{vib}(\boldsymbol{x}; T) = \int_0^\infty \left[\frac{1}{2}\hbar\omega + kT\ln(1 - e^{-\hbar\omega/kT}) \right] g(\boldsymbol{x}; \omega)\,d\omega \tag{3.15}$$

式中，$g(\boldsymbol{x}; \omega)$ 是声子态密度（Phonon DOS）。在静态计算完毕之后，式

(3.14) 可写为:

$$G^*(\boldsymbol{x};\ P,\ T) = E(\boldsymbol{x}) + PV(\boldsymbol{x}) + A_{\text{vib}}[\Theta(V);\ T] \tag{3.16}$$

并且 Helmholtz 自由能 A_{vib} 可以写成[34]:

$$A_{\text{vib}}(\Theta;\ T) = nkT\left[\frac{9}{8}\frac{\Theta}{T} + 3\ln(1 - e^{-\Theta/T}) - D(\Theta/T)\right] \tag{3.17}$$

式中,Θ 为德拜温度;n 为单位分子式中的原子个数;k 为玻尔兹曼常数。德拜积分 $D(\Theta/T)$ 被定义为:

$$D(\Theta/T) = \frac{3}{(\Theta/T)^3}\int_0^{\Theta/T}\frac{(\Theta/T)^3}{e^x - 1}\mathrm{d}x \tag{3.18}$$

在绝热近似下德拜温度可写为[34]:

$$\Theta = \frac{\hbar}{k}(6\pi^2 V^{1/2}n)^{1/3}f(\sigma)\sqrt{\frac{B_S}{M}} \tag{3.19}$$

式中,M 为分子质量;B_S 为绝热体积模量;σ 为泊松系数;$\hbar$ 为普朗克常数。B_S 和 $f(\sigma)$ 能写成[35]:

$$B_S \approx B(V) = V\left[\frac{\mathrm{d}^2 E(V)}{\mathrm{d}V^2}\right] \tag{3.20}$$

具体的 $f(\sigma)$ 表达式为:

$$f(\sigma) = \left\{3\left[2\left(\frac{2}{3}\frac{1+\sigma}{1-2\sigma}\right)^{3/2} + \left(\frac{1}{3}\frac{1+\sigma}{1-\sigma}\right)^{3/2}\right]^{-1}\right\}^{1/3} \tag{3.21}$$

其中泊松系数 σ 能够从 DFT 计算中得到,非平衡吉布斯函数 G^* 是单位晶胞体积的函数且能够由下式得到:

$$\left.\frac{\partial G^*(V;\ P,\ T)}{\partial V}\right|_{P,\ T} = 0 \tag{3.22}$$

通过求解式 (3.22),在固体的状态方程中我们可以获得绝热体积模量 B_T:

$$B_T(P,\ T) = -V\left(\frac{\partial P}{\partial V}\right)_T = V\left[\frac{\partial^2 G^*(V;\ P,\ T)}{\partial V^2}\right]_{P,\ T} \tag{3.23}$$

在准谐德拜模型里,等容热容 C_V 和线膨胀系数 α 能够通过下面的式子得到[31]:

$$C_V = 3nk\left[4D(\Theta_D/T) - \frac{3\Theta_D/T}{e^{\Theta/T} - 1}\right] \tag{3.24}$$

$$\alpha = \frac{\gamma C_V}{B_T V} \tag{3.25}$$

式中，γ 为 Grüneisen 参数：

$$\gamma = -\frac{\mathrm{d}\ln\Theta(V)}{\mathrm{d}\ln V} \tag{3.26}$$

3.3　结果与讨论

3.3.1　结构、弹性和电子性质

全 Heusler 合金 Co_2YZ（Y = Sc，Cr；Z = Al，Ga）是立方晶体，其空间群是 *Fm-3m*，代码是 225，结构是 L2$_1$ 晶体结构（图 3.1）。3 种不同类型的原子各自使用了 3 种不同的颜色（蓝色、白色和粉色）进行标示，其中蓝色小球代表 Co 原子，白色小球代表 Y 原子，而粉红色小球则代表 Z 原子。它们 3 种原子分别的 Wyckoff 坐标位置为（1/4，1/4，1/4）、（0，0，0）和（1/2，1/2，1/2）。图 3.1 展示了两种不同的表现方式，分别包含有 16 个和 4 个原子的图像。我们这里计算的总能是采用的初基晶胞，相应地计算出来的体积也是初基晶胞的体积。计算出来的总能作为初基晶胞的体积的函数，与初基晶胞的体积的关系，在图 3.2 中表现了出来，其中五角星所对应的横纵坐标分别代表体积和能量。另外，曲线是经由拟合一系列的数据而成的。这些数据是体积与能量的一一对应的数值，都是依据 Birch-Murnaghan 方程而来。比如图中所示的 a_0 = 0.5728nm 的点对应着 Co_2CrAl 获得的最低能量值和在 $P = 0$ 与 $T = 0$ 时的最稳定结构。同理，其他合金如 Co_2CrGa、Co_2ScAl 和 Co_2ScGa 也是在那样的最低点获得稳定状态。很容易看出，Co_2CrGa 拥有着最低的能量（−6607.3 6eV），分别比 Co_2CrAl、Co_2ScAl 和 Co_2ScGa 的能量值要低 1995.85eV、3185.19eV 和 1189.13eV。4 种不同 Heusler 合金的基态能量值的顺序依次为 $Co_2ScAl > Co_2CrAl > Co_2ScGa > Co_2CrGa$。也就是说，随着总的电子数增加，$Co_2YZ$ 合金的基态能量值在减少。依据 Birch-Murnaghan 状态方程，一些物理量可以通过拟合总能-体积的曲线来获取。例如平衡态下的晶格常数（a_0）、体积模量（B）以及它对压强的导数（B'），这些计算及拟合出来的数据都列在表 3.1 中。计算出来的弹性常数反映出 0GPa 压强下的力学性质被列在表 3.2 中。由于是立方晶体，这些 Heusler 合金 Co_2YZ 还满足以下这些条件，即 $c_{11} > 0$，$c_{44} > 0$，$c_{11} > |c_{12}|$，$(c_{11} + 2c_{12}) > 0$，所以它们都具备力学稳定性。

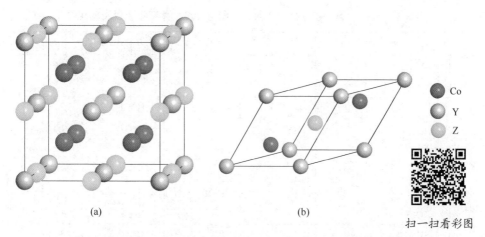

图 3.1 Full-Heusler 合金 Co_2YZ（Y=Sc，Cr；Z=Al，Ga）的两种不同显示方式

（a）完全晶胞形式；（b）初基晶胞形式

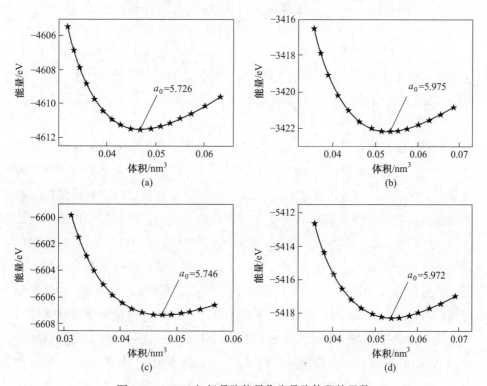

图 3.2 Co_2YZ 初级晶胞能量作为晶胞体积的函数

（a）Co_2CrAl；（b）Co_2ScAl；（c）Co_2CrGa；（d）Co_2ScGa

（星符号、曲线分别表示计算、拟合值）

表 3.1   晶格常数、初基晶胞体积、平衡态能量、体积模量以及其导数

项　目	a_0/nm	V_0/nm³	E/eV	B_0/GPa	B_0'
Co₂CrAl 计算值[36]	0.5727				
本工作	0.5726①	46.94①×10⁻³ 46.89②×10⁻³	−4611.51①	193.20① 195.77②	4.81②
Co₂CrGa 计算值[11]	0.5802				
本工作	0.5746①	47.42①×10⁻³ 47.35②×10⁻³	−6607.36①	193.00① 195.75②	5.01②
Co₂ScAl 实验值[37]	0.5960				
本工作	0.5975①	53.34①×10⁻³ 53.34②×10⁻³	−3422.17①	136.03① 148.66②	4.15②
Co₂ScGa 实验值[38]	0.6170				
本工作	0.5972①	53.24①×10⁻³ 53.24②×10⁻³	−5418.23①	162.02① 151.51②	4.43②

注：①表示计算值；②表示拟合值。

我们知道，是否具备晶格动力学稳定性对合金的晶格形成来说是极为重要的，而下面我们需要进一步验证这 4 种 Heusler 合金 Co₂YZ 是否满足晶格动力学稳定性的条件。具体做法是计算其声子谱中是否会出现虚频的情况。声子色散计算在整个布里渊区进行并且展示在图 3.3 中。该图依次所展示的是 Co₂CrAl、Co₂CrAl、Co₂ScGa 和 Co₂ScGa 的色散曲线。由于 Co₂YZ 初基晶胞包含了 4 个原子，那么声子谱则有 12 条分支，包括 3 条声学分支和 9 条光学分支。注意在 Co₂CrAl 和 Co₂CrGa 的子图中出现了虚频，即有声子频率为负数的出现，因此，Co₂CrZ（Z=Al，Ga）是动力学不稳定的，这种不稳定性将导致该相的不稳定存在或者很难制备出预期的晶体出来。进一步地，已经有文献指出 Co₂CrAl 饱和磁矩的偏离发生在 Slater-Pauling 线上，即 $M_t = Z_t - 24$，其中 M_t 和 Z_t 代表着单位晶胞的总自旋磁矩和总的价电子数。换句话说，A2 相和 B2 相不可避免地发生在 Co₂CrAl 的生长过程中[39]。这也证实了 Co₂CrAl 在 L2₁ 结构下的不稳定性。如图 3.3 所示，很容易可以区分 Co₂ScAl 和 Co₂ScGa

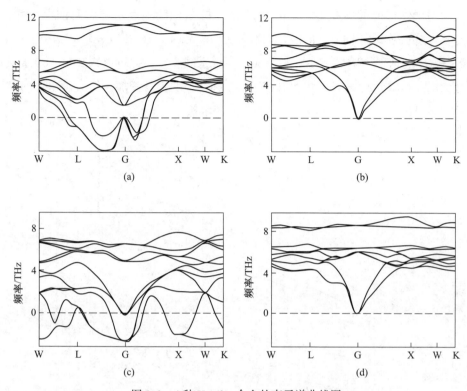

图 3.3　4 种 Heusler 合金的声子谱曲线图

（a）Co_2CrAl；（b）Co_2ScAl；（c）Co_2CrGa；（d）Co_2ScGa

的色散曲线上没有虚频声子谱的分支的存在。这种现象说明了 Co_2ScAl 和 Co_2ScGa 的相是动力学稳定的。全 Heusle 合金 Co_2YZ 的弹性常数 C_{ij} 数据罗列在表 3.2 中，而弹性常数与压强之间的关系展示在图 3.4 中。这里有几个概念上的区分。弹性是指材料受外力之后，会发生变形，即材料在外力作用下不发生塑性变形的能力就是弹性。弹性变形可分为弹性变形和塑性变形。刚性一般是指材料在外力作用下不发生变形的能力。它们的区别在于：刚性是指材料在受到外界压力时，抵抗变形的能力。也就是说，材料刚性越大，受到外力时，变形越小。而弹性则是另一回事，是材料变形后，在外力取消的情况下，恢复原来形状的能力。容易看出，在压强值在 0~20GPa 的区间时 C_{ij} 的数值明显地随着压强的增加而增加，而 Co_2ScAl 的 C_{11} 则达到了所有 Heusler 合金的最高点（在 20GPa 的条件下）。其 C_{11} 表现出了强烈的对压强变化的敏感性而 C_{44} 则表现出最不敏感性。随压强的增加，体积模量、剪切模量和杨氏模量均单调地增加，而体积模量暗含着材料对脆性的抵抗能力，剪切模量代表着对塑性形变的抵抗能力，预示着材料的塑性和脆性情况。而泊松系数，定义为负的横向轴应力比率，当压强增大时，在 Co_2CrAl、Co_2ScAl 和 Co_2ScGa 的情形中增加却在 Co_2CrGa 的情况下减少。由此可以判断出，当压强增大时，Co_2CrAl、Co_2ScAl 和 Co_2ScGa 3 种合金的塑性增加，但 Co_2CrGa 的塑性却在下降。

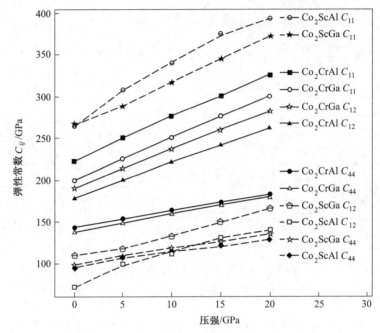

图 3.4　在各种压强下的 Heusler 合金 Co_2YZ（Y＝Sc，Cr；Z＝Al，Ga）
C_{11}、C_{12} 和 C_{44} 的计算值

表 3.2　**弹性常数**（单位：GPa）、**体积模量**（单位：GPa）、**剪切模量**（单位：GPa）、**杨氏模量**（单位：GPa）以及泊松系数分别在零温和各种压强下的数值（0～20GPa）

压　强		Co_2CrAl	Co_2CrGa	Co_2ScAl	Co_2ScGa
0	C_{11}	223.30	199.04	265.11	266.71
	C_{12}	178.16	189.98	71.49	109.68
	C_{44}	143.10	137.77	95.47	98.04
	B	193.20	193.00	136.03	162.02
	G	70.26	47.62	95.91	89.70
	E	187.99	132.00	232.92	227.18
	σ	0.4438	0.4884	0.2124	0.2914

续表 3.2

压强		Co$_2$CrAl	Co$_2$CrGa	Co$_2$ScAl	Co$_2$ScGa
5	C_{11}	250.40	225.04	308.37	287.62
	C_{12}	200.39	213.85	99.54	117.12
	C_{44}	153.80	149.21	107.59	108.34
	B	217.06	217.58	169.15	173.96
	G	76.27	52.50	106.31	98.42
	E	204.82	145.78	263.69	248.41
	σ	0.4445	0.4873	0.2440	0.2894
10	C_{11}	276.19	250.93	340.30	316.64
	C_{12}	221.71	237.47	113.25	133.62
	C_{44}	163.86	160.05	113.99	118.00
	B	239.87	241.96	188.94	194.63
	G	81.86	57.28	113.80	106.58
	E	220.50	159.27	284.32	270.39
	σ	0.4453	0.4862	0.2497	0.2968
15	C_{11}	301.28	276.25	375.39	344.87
	C_{12}	242.16	260.11	131.57	150.14
	C_{44}	173.61	170.21	121.57	127.12
	B	261.87	265.49	211.84	215.05
	G	87.42	62.09	121.10	114.25
	E	236.00	172.80	305.15	291.18
	σ	0.4456	0.4850	0.2611	0.3033
20	C_{11}	325.90	300.88	393.39	371.64
	C_{12}	262.40	282.11	140.02	165.97
	C_{44}	182.97	180.01	128.44	135.81
	B	283.57	288.37	224.48	234.53
	G	92.74	66.76	127.74	121.49
	E	250.87	185.93	322.12	310.80
	σ	0.4460	0.4839	0.2625	0.3087

　　全 Heusler 合金 Co_2YZ（Y＝Sc，Cr；Z＝Al，Ga）在不同外界压强作用下的总态密度图（Density of States，DOS）展示在图 3.5 中。从 Co_2CrZ（Z＝Al，Ga）的态密度图可以清楚地看到，费米面处的自旋向上态很明显地存在，而自旋向下态中也有明显的带隙。然而，即便在各种压强的作用下，这些类似的现象并没有在 Heusler 合金 Co_2ScAl 与 Co_2ScGa 中出现。从另一个角度来讲，Co_2ScZ（Z＝Al，Ga）合金是非磁性的 Heusler 合金。电子自旋极化率 P，这个仅仅依赖于自旋分解的 DOS 值的物理量被定义为[40]：

$$P = \frac{\rho_\uparrow(E_f) - \rho_\downarrow(E_f)}{\rho_\uparrow(E_f) + \rho_\downarrow(E_f)} \tag{3.27}$$

式中，↑和↓为自旋向上和自旋向下；$\rho_\uparrow(E_f)$ 和 $\rho_\downarrow(E_f)$ 为在费米面处对应的自旋依赖的态密度值。可以在图中看到，在没有任何外界压强的作用下，Co_2CrZ 的自旋极化率可以分别达到 99.94% 和 94.14%。关于 Co_2YZ 受压强影响的信息可以在图 3.5 中体现出来，尤其是整个 DOS 的移动趋势，很直观地

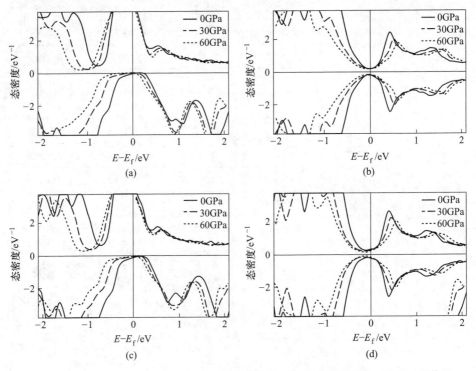

图 3.5　Co_2YZ（Y＝Sc，Cr；Z＝Al，Ga）在各种压强下的总态密度（DOS）图像

(a) Co_2CrAl；(b) Co_2ScAl；(c) Co_2CrGa；(d) Co_2ScGa

展现了出来。在 Co_2CrZ 的情况中，很明显地，随着静压强从 0GPa 增大到 60GPa，自旋向下的带隙明显增宽了，并且朝着左边在移动。Co_2CrAl 和 Co_2CrGa 的自旋极化率在 60GPa 时增加到 100% 和 99.10%，比起 0GPa 下的值时分别增大了 0.06% 和 4.96%。类似的特征也在 Co_2ScZ 合金中出现，即 Co_2ScZ 表现为随着压强的增大（0GPa→60GPa）整个 DOS 出现了移动的趋势，而且 U 形状的 DOS 外形也在明显地变宽，正如图 3.5 的右半部分所展示。尽管施加了较大的压强（30GPa 或 60GPa），Co_2ScZ 的 DOS 图样展示出了向两头伸展的趋势。Co_2CrZ 的半金属性则因外界压强的增大而显示出了增强的趋势，而 Co_2ScZ 的 DOS 图形状则因压强的增大而朝两头增宽。

3.3.2 热力学性质

材料的热力学性质能够反映在外界作用条件下材料的相关特性，例如在极端条件高温或高压的条件下。下面，我们将讨论热动力学稳定的 Co_2ScZ 合金而将 Co_2CrZ 排除在外，原因是 Co_2CrZ 在前面已经发现它们在 $L2_1$ 结构下是非常不稳定的。我们发现使用准谐德拜模型可以比较成功地处理在 2000K 和 125GPa 情况下全 Heusler 合金 Co_2ScZ 性质。温度的变化对归一化的体积比值 V/V_0 以及体积模量 B 的影响可以参看图 3.6，其中，V_0 是零温零压下平衡态的体积，因此 V/V_0 可以视为体积的压缩比值。从 V/V_0 与 P 的关系图我们可以观察到 Co_2ScAl 或 Co_2ScGa 的体积在随着压强从 0GPa 增大到 25GPa 的时候在单调地减少，这种情况对于温度取值为 0K、300K、600K 或 900K 都是一致的。当温度增加时，体积压缩比值也保持着削减的趋势，并且削减的幅度在高压环境下的情况中要大得多。这可以从图 3.6 中左侧箭头所指的区域中看出来。如果为了达到影响体积压缩比的目的，增加压强或者降低温度都是很有效的方法。Co_2ScAl 和 Co_2ScGa 的体积模量作为压强的函数，在 0K、300K、600K 和 900K 的关系示意图在图 3.6 中体现了出来。容易注意到这些不同温度下的关于体模量 B 和压强 P 的关系（B 与 P 的关系曲线）都几乎是线性的。还可以看出，在一个给定的温度下，Co_2ScZ 的体积模量 B 随着压强 P 的增加而增加；而在一个给定的压强下，Co_2ScZ 的体积模量 B 随着温度 T 的增加而减小。由于跟体积模量紧密联系，Heusler 合金 $Co_2ScZ(Z=Al；Ga)$ 的硬度可以简单地预测出来：随压强的增大而增大，同时随着温度的升高而降低。

热容是一个广度量（广延量），如果升温是在体积不变条件下进行，该热

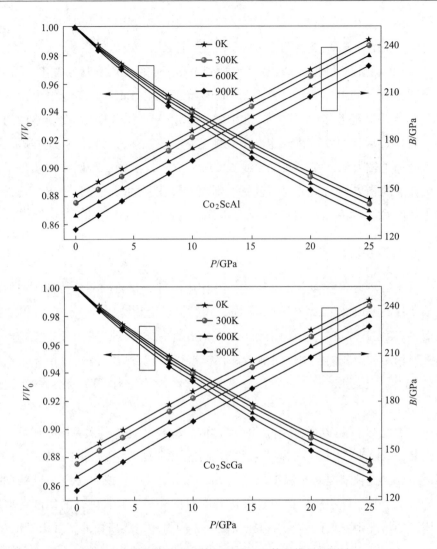

图 3.6   温度与压强对体积压缩比和体积模量的影响

容称为等容热容，如果升温是在压强不变条件下进行，该热容称为等压热容。热容同物质的性质、所处的状态及传递热量的过程有关，并同物质系统的质量成正比。热容随过程的不同而不同，它不是状态函数。关于热容的概念，对于理解固体的热运动是很重要的，因为我们可以从中获取晶格振动、态密度、相变等信息。固体的热容是原子振动在宏观性质上的一个直观的表现，晶格的热振动形成所谓的晶格热容，而电子的热运动则形成电子热容。当温度远高于德拜温度时，固体的热容遵循经典规律，即符合 Dulong-Petit 定律，是一个与构成固体的物质无关的常量。反之,当温度远低于德拜温度时,热容将遵循量子规律,而与热力学温度的三次方成正比,随着温度接近绝对零度而迅速趋近于零。图 3.7 是根据准谐德拜模型计算出来的关于 Heusler 合金 Co_2ScZ 的热容跟外界压强(或温度)的关系。在该图的大部分区域所显示的图像中,我们固定了压强,使其取值为某个固定的数值,如 0GPa、30GPa、60GPa、90GPa 或者 120GPa,发现在温度逐渐升高的情况下,C_V 的数值是在增加的。在足够低的温度区间里,C_V 在迅速地增加,这符合德拜定律的规律[41]。而当温度特别高时,C_V 的增幅明显在衰减,并不断趋向了一个极限的数值。这个极限被称为 Dulong-Petit 极限[41],正如在图像的最上面的部分所展示的那样。在足够低温的区域,Co_2ScZ 的热容 C_V 数值的改变量在给定的压强下是正比于温度的三次方的,即 T^3 [42]。C_V 衰减的趋势在图 3.7 中的小图里面得以体现,那就是非常的平滑,此时的给定的温度条件是 300K、600K、900K 或者 1800K。所有的 Co_2ScAl 的热容 C_V 数值在 300K 下都比 Co_2ScGa 的热容 C_V 数值低很多,而在非常高的温度(例如 1800K)下两种合金的热容 C_V 数值都趋向于 Dulong-Petit 极限值,而此时所对应的压强已经非常接近 0GPa了。另外,其他可以从热容 C_V 图像中提取的信息就是热容 C_V 对温度的敏感度高于对压强的敏感度。也就是说,当前的结果可以为我们提供一个清楚的指引,在实验过程中如果能够有效地控制温度的话,将会是一个很有效的手段来获得我们所期望的热容值。Heusler 合金 Co_2ScZ 的线膨胀系数 α 作为外界压强和温度的函数,根据准谐德拜模型方法的计算结果,可以将它们之间的关系展现在图 3.8 所示的曲线中。在这个 α 与 T 关系图的左边部分(即左上角和左下角),我们可以观察到线膨胀系数 α 在低温区迅速地增加,随后逐渐显示出线性而平滑的增长趋势,此时温度较高而压强保持不变。从这样的趋势我们可以判断,即便温度仍然继续增加,线膨胀系数 α 的值不会再明显增大了。从另外一个角度来看,对一个给定的温度环境下(例如温度处于 300K、600K、900K、1200K 或者 1500K),线膨胀系数随压强的增加而显著地减少,正如图 3.8 整个右半部分所显示的那样(如图 3.8(b) 和(d)所示)。通过对这些计算结果的讨论,我们希望能够为实验科学提供一点参考价值,并对 Co 基 Heusler 合金 Co_2YZ(Y = Cr, Sc; Z = Al, Ga)的物理性质有更全面的认识。

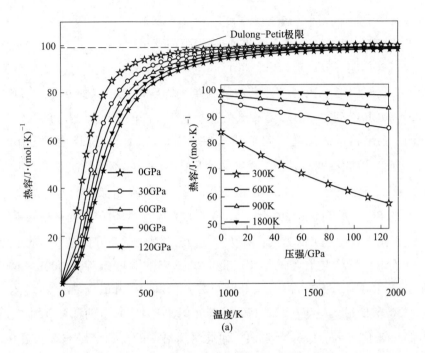

(a)

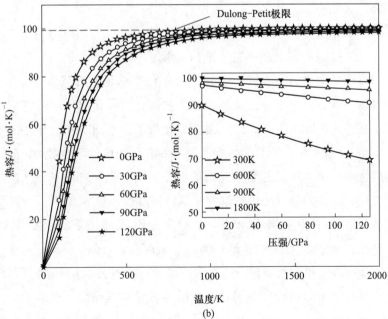

(b)

图 3.7 热容对压强和温度的依赖关系图

(a) Co_2ScAl；(b) Co_2ScGa

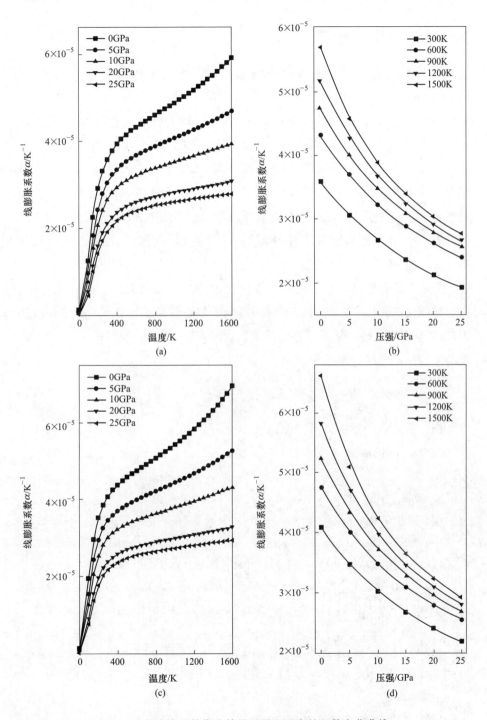

图 3.8　线膨胀系数作为外界压强和温度的函数变化曲线

（a），（b）Co_2ScAl；（c），（d）Co_2ScGa

3.4 本章小结

利用密度泛函理论和准谐德拜模型方法，本书对 Heusler 合金 Co_2YZ（$Y=Cr$，Sc；$Z=Al$，Ga）的结构与弹性性质、电子结构、相稳定性，热力学性质进行了研究。通过借助三阶 Birch-Murnaghan 状态方程来拟合总能和体积的关系而得到体积模量 B 以及它的导数 B'。通过对数据的分析，我们发现弹性常数、体积模量、剪切模量以及杨氏模量，都基本上随着压强的增大而线性地增加。在相同的压强下，通过对比泊松系数证实 Co_2ScZ 相比 Co_2CrZ 而言脆性更大。对电子结构的分析表明 Co_2CrZ 的半金属性受到外部压强的作用是非常明显的，而 Co_2ScZ 则相对没有显著的改变。声子色散谱的分析证实了 Co_2ScZ 的相比起 Co_2CrZ 而言要稳定得多，虽然后者表现出了典型的半金属性质。最后，借助于准谐德拜模型方法，详细探讨了外界压强和温度对归一化的体积比、体积模量、热容和线膨胀系数的影响。所有的结果显示归一化的体积比 V/V_0 随着压强的增加呈现一种抛物线形状地衰减，而体积模量 B 则几乎随压强的改变呈现近乎线性的变化。

参 考 文 献

［1］ Katsnelson M I, Irkhin V Y, Chioncel L, et al. Half-metallic ferromagnets: from band structure to many-body effects ［J］. Reviews of Modern Physics, 2008, 80 (2): 315.

［2］ Graf T, Felser C, Parkin S S P. Simple rules for the understanding of Heusler compounds ［J］. Progress in Solid State Chemistry, 2011, 39 (1): 1~50.

［3］ Nakatani T M, Furubayashi T, Kasai S, et al. Bulk and interfacial scatterings in current-perpendicular-to-plane giant magnetoresistance with $Co_2Fe(Al_{0.5}Si_{0.5})$ Heusler alloy layers and Ag spacer ［J］. Applied Physics Letters, 2010, 96 (21): 212501.

［4］ Sukegawa H, Kasai S, Furubayashi T, et al. Spin-transfer switching in an epitaxial spin-valve nanopillar with a full-Heusler $Co_2FeAl_{0.5}Si_{0.5}$ alloy ［J］. Applied Physics Letters, 2010, 96 (4): 42508.

［5］ Kübler J, Fecher G H, Felser C. Understanding the trendin the Curie temperatures of Co_2-based Heusler compounds: ab initio calculations ［J］. Physical Review B, 2007, 76 (2): 24414.

［6］ Candan A, Uğur G, Charifi Z, et al. Electronic structure and vibrational properties in cobalt-based full-Heusler compounds: a first principle study of Co_2MnX（$X=Si$，Ge，Al，Ga）

[J]. Journal of Alloys and Compounds, 2013, 560: 215~222.

[7] Kübler J, William A R, Sommers C B. Formation and coupling of magnetic moments in Heusler alloys [J]. Physical Review B, 1983, 28 (4): 1745.

[8] Ko V, Han G, Qiu J, et al. The band structure-matched and highly spin-polarized Co_2CrZ/Cu_2CrAl Heusler alloys interface [J]. Applied Physics Letters, 2009, 95 (20): 202502.

[9] Cai Y, Bai Z, Yang M, et al. Effect of interfacial strain on spin injection and spin polarization of $Co_2CrAl/NaNbO_3/Co_2CrAl$ magnetic tunneling junction [J]. EPL (Europhysics Letters), 2012, 99 (3): 37001.

[10] Bai Z Q, Lu Y H, Shen L, et al. Transport properties of high-performance all-Heusler $Co_2CrSi/Cu_2CrAl/Co_2$ CrSi giant magnetoresistance device [J]. Journal of Applied Physics, 2012, 111 (9): 93911.

[11] Rai D P, Thapa R K. An investigation of semiconducting behavior in the minority spin of Co_2CrZ (Z=Ga, Ge, As): LSDA and LSDA+U method [J]. Journal of Alloys and Compounds, 2012, 542: 257~263.

[12] Zhong M M, Kuang X Y, Wang Z H, et al. Phase stability, mechanical properties, hardness, and possible reactive routing of chromium triboride from first-principle investigations [J]. The Journal of Chemical Physics, 2013, 139 (23): 234503.

[13] Reddy P V S, Kanchana V. Ab initio study of Fermi surface and dynamical properties of Ni_2XAl (X=Ti, V, Zr, Nb, Hf and Ta) [J]. Journal of Alloys and Compounds, 2014, 616: 527~534.

[14] Benkhelifa F Z, Lekhal A, Méçabih S, et al. Electronic structure, magnetic and thermal properties of Rh_2MnZ (Z=Ge, Sn, Pb) compounds under pressure from ab-initio quasi-harmonic method [J]. Journal of Magnetism and Magnetic Materials, 2014, 371: 130~134.

[15] Qi L, Jin Y, Zhao Y, et al. The structural, elastic, electronic properties and Debye temperature of Ni_3Mo under pressure from first-principles [J]. Journal of Alloys and Compounds, 2015, 621: 383~388.

[16] Blanco M A, Francisco E, Luana V. GIBBS: isothermal-isobaric thermodynamics of solids from energy curves using a quasi-harmonic Debye model [J]. Computer Physics Communications, 2004, 158 (1): 57~72.

[17] Lantri T, Bentata S, Bouadjemi B, et al. Effect of Coulomb interactions and Hartree-Fock exchange on structural, elastic, optoelectronic and magnetic properties of Co_2MnSi Heusler: a comparative study [J]. Journal of Magnetism and Magnetic Materials, 2016, 419: 74~83.

[18] Kobayashi K, Umetsu R Y, Kainuma R, et al. Phase separation and magnetic properties of

half-metal-type $Co_2Cr_{1-x}Fe_xAl$ alloys [J]. Applied Physics Letters, 2004, 85 (20):
4684~4686.

[19] Chen X Q, Podloucky R, Rogl P. Ab initio prediction of half-metallic properties for the fer-romagnetic Heusler alloys Co_2MSi (M = Ti, V, Cr) [J]. Journal of Applied Physics, 2006, 100 (11): 113901.

[20] Segall M D, Lindan P J D, Probert M J, et al. First-principles simulation: ideas, illustra-tions and the CASTEP code [J]. Journal of Physics: Condensed Matter, 2002, 14 (11): 2717.

[21] Perdew J P, Burke K, Ernzerhof M. Generalized gradient approximation made simple [J]. Physical Review Letters, 1996, 77 (18): 3865.

[22] Monkhorst H J, Pack J D. Special points for Brillouin-zone integrations [J]. Physical Re-view B, 1976, 13 (12): 5188.

[23] Pfrommer B G, Côté M, Louie S G, et al. Relaxation of crystals with the quasi-Newton method [J]. Journal of Computational Physics, 1997, 131 (1): 233~240.

[24] Murnaghan F D. The compressibility of media under extreme pressures [J]. Proceedings of the National Academy of Sciences of the United States of America, 1944, 30 (9): 244.

[25] Birch F. Finite elastic strain of cubic crystals [J]. Physical Review, 1947, 71 (11): 809.

[26] Sin'Ko G V, Smirnov N A. Ab initio calculations of elastic constants and thermodynamic properties of bcc, fcc, and hcp Al crystals under pressure [J]. Journal of Physics: Con-densed Matter, 2002, 14 (29): 6989.

[27] Wang J, Li J, Yip S, et al. Mechanical instabilities of homogeneous crystals [J]. Physical Review B, 1995, 52 (17): 12627.

[28] Wang S Q, Ye H Q. Ab initio elastic constants for the lonsdaleite phases of C, Si and Ge [J]. Journal of Physics: Condensed Matter, 2003, 15 (30): 5307.

[29] Prikhodko M, Miao M S, Lambrecht W R L. Pressure dependence of sound velocities in 3C-SiC and their relation to the high-pressure phase transition [J]. Physical Review B, 2002, 66 (12): 125201.

[30] Yip S, Li J, Tang M, et al. Mechanistic aspects and atomic-level consequences of elastic in-stabilities in homogeneous crystals [J]. Materials Science and Engineering: A, 2001, 317 (1~2): 236~240.

[31] Hill R. The elastic behaviour of a crystalline aggregate [J]. Proceedings of the Physical So-ciety. Section A, 1952, 65 (5): 349.

[32] Zha C S, Mibe K, Bassett W A, et al. P-V-T equation of state of platinum to 80GPa and 1900K from internal resistive heating/X-ray diffraction measurements [J]. Journal of

Applied Physics, 2008, 103 (5): 54908.

[33] Maradudin A A, Montroll E W, Weiss G H, et al. Theory of lattice dynamics in the harmonic approximation [M]. New York: Academic Press, 1963.

[34] Blanco M A, Pendás A M, Francisco E, et al. Thermodynamical properties of solids from microscopic theory: applications to MgF_2 and Al_2O_3 [J]. Journal of Molecular Structure: THEOCHEM, 1996, 368: 245~255.

[35] Francisco E, Recio J M, Blanco M A, et al. Quantum-mechanical study of thermodynamic and bonding properties of MgF_2 [J]. The Journal of Physical Chemistry A, 1998, 102 (9): 1595~1601.

[36] Buschow K H J, Van E P G, Jongebreur R. Magneto-optical properties of metallic ferromagnetic materials [J]. Journal of Magnetism and Magnetic Materials, 1983, 38 (1): 1~22.

[37] Kandpal H C, Fecher G H, Felser C. Calculated electronic and magnetic properties of the half-metallic, transition metal based Heusler compounds [J]. Journal of Physics D: Applied Physics, 2007, 40 (6): 1507.

[38] Carbonari A W, Saxena R N, Pendl Jr W, et al. Magnetic hyperfine field in the Heusler alloys $Co_2YZ(Y = V$, Nb, Ta, Cr; Z = Al, Ga) [J]. Journal of Magnetism and Magnetic Materials, 1996, 163 (3): 313~321.

[39] Kobayashi K, Umetsu R Y, Kainuma R, et al. Phase separation and magnetic properties of half-metal-type $Co_2Cr_{1-x}Fe_xAl$ alloys [J]. Applied Physics Letters, 2004, 85 (20): 4684~4686.

[40] Soulen R J, Byers J M, Osofsky M S, et al. Measuring the spin polarization of a metal with a superconducting point contact [J]. Science, 1998, 282 (5386): 85~88.

[41] Debye P, Ann D. Debye model [J]. Physik, 1912, 39: 789.

[42] Petit A T, Dulong P L. Recherches sur quelques points importants de la Théorie de la Chaleur [J]. Ann Chem Phys, 1819, 10: 395~413.

4 B2 无序 Co$_2$MnAl 合金相磁电阻结界面特征及自旋极化输运

4.1 引言

在费米面处 E_f 拥有较高的自旋极化率（Spin Polarization），作为具有半金属性的铁磁体（Half-Metallic Ferromagnets，HMFs）材料[1]的诸多优势中的一种，同时再具备较高的居里温度点（Curie Temperature，T_C），已成为自旋电子学领域中几十年来研究工作者所追求的目标及研究的重点[2]。Co 基全 Heusler 合金无疑获得了人们广泛的关注，是由于这类合金材料同时具备优异的自旋极化性能[3~5]和高居里温度的优势[6,7]。所以，Co$_2$YZ 合金（Y：过渡金属；Z：sp 原子）被视为极具价值的材料[8,9]而被用于制备为电极材料，在电流垂直于平面（Current Perpendicular to Plane，CPP）型巨磁阻（Giant Magneto-Resistance，GMR）器件中，例如，超高密度磁性记录的磁头传感器[10,11]和纳米尺度的微波振荡器中[12]，就有它们的应用。

尽管在理论上它们被预测为高度的自旋极化，但是实际上从 Julliére 模型[13]来估计，这些 Co$_2$YZ 合金并没有展示出如此高的自旋极化程度[14~16]。其中导致 CPP-GMR 器件性能下降的一种可能是原子无序的发生。包括铁磁性（FM）Heusler 合金块体内的原子无序，非铁磁性（NM）势垒块体材料的原子无序，以及 FM/NM 材料之间的界面处的无序。依据之前的从头算研究结果，具有 L2$_1$ 有序结构的全 Heusler 合金的自旋极化率对原子的无序是非常敏感的[4]。现在已经知道，Co 原子、Y 原子和 Z 原子之间如果占位发生混乱的话，将对电子结构、磁性和输运性质产生影响[17~20]。在 Raphael 等的中子衍射实验中，他们发现在多晶 Co$_2$MnSi 合金中，存在着 10%~14% 的 Co-Mn 原子的交换无序现象[21]。这种所谓的 A2 类型的原子无序，发生在（Co，Y 和 Z）3 种原子之间的随机替换和交换，对 Co$_2$MnSi 合金基的器件有非常严重的不利影响，源于这种无序对半金属性质的破坏作用。实际上，想要制备出完全没有结构缺陷的具有 L2$_1$ 有序结构的 Co 基 Heusler 合金是几乎不可能的。另外一种时常发生的无序，人们把它命名为 B2 类型无序，表现形式是 Y-Z 原子的位置发生交换或/和反位占据[22~24]，这种无序现象大量地存在于各种 Heusler 合金电极材料的制备过程当中。例如，在 Co$_2$MnAl 为电极材料的 Co$_2$MnAl/Al-O/CoFe 类型的磁性隧穿结（Magnetic Tunnel Junctions，MTJs）上[25]，还有一些出现在以 Co$_2$Fe(Al$_{0.5}$Si$_{0.5}$) 为电极的 Co$_2$Fe(Al$_{0.5}$Si$_{0.5}$)/Ag/Co$_2$Fe(Al$_{0.5}$Si$_{0.5}$) 的 CPP-GMR 器件上[26]，以及以另外一种四元 Heusler 合金 Co$_2$Fe(Ge$_{0.5}$Ga$_{0.5}$) 为电极的 Co$_2$Fe(Ge$_{0.5}$Ga$_{0.5}$)/NiAl/Co$_2$Fe(Ge$_{0.5}$Ga$_{0.5}$) 的全 B2 型无序结构的器件上[27]等。

实验上的研究发现，高隧穿磁阻（Tunnel Magneto-Resistance，TMR）能够在以 Co$_2$MnZ（Z=Al，Si）为电极材料、Al 的氧化物为绝缘势垒材料的隧道磁电阻器件中实现。有趣的是，在室温条件下，对 B2 类型无序的 Co$_2$MnAl 为电极的器件当中的 TMR 测得值（65%）可以跟具有 L2$_1$ 有序结构的 Co$_2$MnSi 测得值（70%）相比拟了[28]。值得一提的是，B2 原子无序的 Co$_2$MnAl 相拥有比较满意的居里温度（高达 677K）[29]，这么高的温度足以使得 Co$_2$MnAl 具备良好的应用价值，特别是在自旋电子学领域中。基于以上考虑，我们认为研究关于原子无序的因素对 Co$_2$MnAl 基的三层膜结构器件的电子输运性质的影响将会是很有必要的。然而，据我们对已有文献的调查，现目前还没有人研究过这方面的课题，即理论上预测具有 L2$_1$ 有序结构与 B2 无序相的 Co 基 Heusler 合金作为电极材料的磁电阻结的电子输运性能有何区别。在本章的讨论当中，为弥补这个研究领域的空缺，我们使用了第一性计算方法，研究了 L2$_1$ 相和 B2 相的 Co$_2$MnAl/Ag/Co$_2$MnAl 结的界面附近的电子结构及界面特征，并进一步研究了无序效应对三层膜结构输运性质的影响。

4.2 计算方法及细节

首先，我们构建了 Co$_2$MnAl(001)/Ag/Co$_2$MnAl 的三层膜结构，这实质上也就是所谓的"三明治"结构，即左右两端是半无限长的 Co$_2$MnAl 晶体材料，而中间被它们（左、右电极）夹着的是中间势垒层材料——纯金属单质 Ag。这样的三层膜结构，它的截面是一个正方形，晶格常数（X、Y 方向上）为 0.40254nm(L2$_1$ 相)或 0.40504nm(B2 相)。这两个数值对应着块体 Co$_2$MnAl

晶格常数的 $1/\sqrt{2}$ 倍。具体的参数如下：Co$_2$MnAl 块体在 L2$_1$ 相的晶格常数为
0.56929nm，而在 B2 相的晶格常数则为 0.57281nm（在 XY 平面上）。沿着
（001）方向，在电极 Co$_2$MnAl 和中间层 Ag 的界面处，存在一定的晶格失配
度：L2$_1$ 相的 Co$_2$MnAl 和中间层 Ag 的失配度为 1.490%，而 B2 相 Co$_2$MnAl 和
中间层 Ag 的失配度为 0.873%。在这里，我们使用到的 Ag 晶格常数为
0.40857nm，这个数值是经由严格的结构优化计算得来的。然后，在进行了对
整个三层膜结构的所有原子（每个原子之间的相互作用 Hellmann-Feynman 力
小于 0.1eV/nm）弛豫了之后，我们认为三层膜超胞结构处于稳定的状态。最
后，使用由 Perdew 等人[30]提出的广义梯度近似（Generalized Gradient Approx-
imation，GGA）的基于密度泛函理论的第一性原理代码 VASP，我们计算了这
个由 Co$_2$MnAl 和 Ag 组成的超级晶胞的情况。使用到的截断能为 400eV，k 点
设置为 9×9×1。基于密度泛函理论框架与 Keldysh 非平衡格林函数方法的量子
输运代码——NANODCAL 程序[31, 32]，被用于计算 Co$_2$MnAl/Ag/Co$_2$MnAl 的
三层膜 GMR 器件的电子输运性质。在具体的电子输运性质计算过程中，
双 ζ 极化基组（DZP）被采用来计算电子波函数。以上所有的参数设置能
够有效地平衡计算效率和精度之间的矛盾，因此认为是可行且可靠的
方案。

4.3   结果与讨论

4.3.1   结构

如图 4.1 所示，我们将考虑两种不同的全 Heusler 合金 Co$_2$MnAl 的原子排
布。一种是如图 4.1（a）所示的 L2$_1$ 有序结构，另外一种是 50% 的 Mn-Al 原
子的交换无序的 B2 结构，如图 4.1（b）所示。在现实情况中，当我们制备
Co$_2$MnAl/Ag/Co$_2$MnAl 全金属三明治结构的电极部分时，假如 Mn 和 Al 原子
的交换无序过程是完全随机发生的话，那么，这样的结构模型不仅难以从软
件上构建，而且那样所形成随机发生无序的超级晶胞对应的巨大计算工作量
基本上是无法完成的。因此，作为一次理论上的探索，我们进行了一些人为
的设置，即进行了 50% 的无序使得表现出来的原子排布为沿着 Z 方向上是呈
现纯原子层的分布。只有这样，以当下的计算机群计算能力才有可能完成。
在试验中我们发现，晶格的稍微形变导致了结构变得更稳定。因为在我们的

计算结果中发现，形变后的结构的总能达到了-112.6898eV，这个值比正常未形变的结构对应的总能（-112.6281eV）要低 0.0617eV。因此，在接下来的讨论中，我们选取了前者，即发生形变的结构，作为 B2 无序类型的 Co$_2$MnAl/Ag/Co$_2$MnAl 器件。与形变的 B2 型块体结构相比，L2$_1$ 有序结构下的 Co$_2$MnAl 块体甚至有更低的总能（-113.6673eV）。这种不同也就解释了为什么 B2 相的 Co$_2$MnAl 块体拥有更高的退火温度值（1073K），而 L2$_1$ 有序结构下的 Co$_2$MnAl 块体只有 873K[29]。综上所述，平衡条件下的晶格常数已经确定下来，即 $a' = 0.57281$nm $> a = 0.56929$nm $> c' = 0.56560$nm，表明形变的结构相比未形变的结构而言，在 X/Y 方向上伸长了 3.518% 而在 Z 方向上压缩了 3.517%。尽管如此，上述所说的各形变幅度仍旧比 0.018% 的实验结果大很多[29]。这种差距可能暗示着真正在实际现场制备的样品中只有非常低的无序情况会发生。沿 Z 方向上，两个相邻的原子层所在的平面的距离从 $A = 0.14232$nm 变为 $A' = 0.14467$nm 或 $B' = 0.13813$nm，其中 A' 或 B' 代表在形变结构中的 Co-Al 或 Co-Mn 原子层的间距。这些变化的间距在 B2 类型的 Co$_2$MnAl/Ag/Co$_2$MnAl 三层膜结构中也能找到，在图 4.2（c）和（d）中就可以看见不同的原子端面的示意图。同样的，对于未形变的 L2$_1$ 三层膜结构也存在着两种不同的原子端面结合方式，即 MnAl-端面（图 4.2（a））和 CoCo-端面（图 4.2（b））。

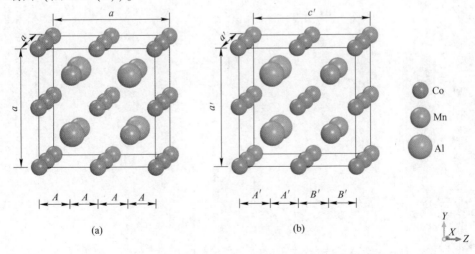

图 4.1 Full-Heusler 合金 Co$_2$MnAl 在 L2$_1$ 有序（a）下的结构

以及在 50%B2 无序（b）下的结构

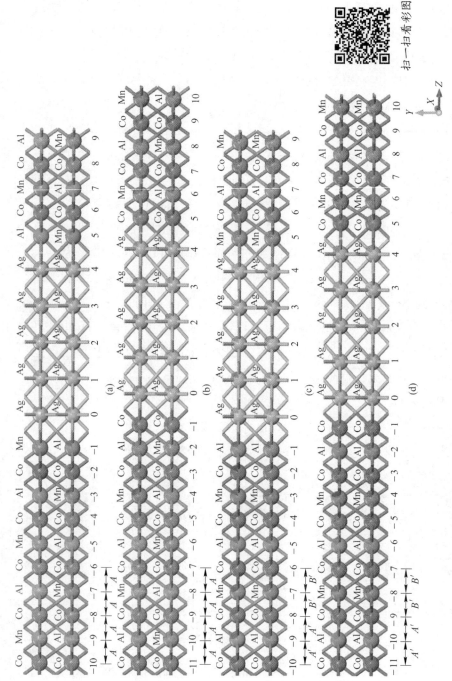

图 4.2   L2₁ 和 B2 相的 Co₂MnAl/Ag/Co₂MnAl 磁电阻结在 MnAl- 端面和 CoCo-端面下的结构示意图

(a) Co₂MnAl(L2₁)/Ag/Co₂MnAl(L2₁) MnAl-端面;   (b) Co₂MnAl(L2₁)/Ag/Co₂MnAl(L2₁) CoCo-端面;
(c) Co₂MnAl(B2)/Ag/Co₂MnAl(B2) MnAl-端面;   (d) Co₂MnAl(B2)/Ag/Co₂MnAl(B2) CoCo-端面

与其他界面处的端面相比（如 $Co_2MnSi/Al/Co_2MnSi$ 系统中的 MnSi-端面[34]或者 $Al/Co_2TiZ/Al$（$Z = Si$，Ge）体系中的 TiZ-端面[35]），我们这里的 $Co_2MnAl/Ag/Co_2MnAl$ 三层膜结构中的 MnAl- 端面和 CoCo-端面有着几乎可以忽略掉的界面粗糙度，不管是在 $L2_1$ 相或者是 B2 相的 $Co_2MnAl/Ag/Co_2MnAl$ 中。如果要检验界面粗糙度，我们可以通过测量 X 原子（X = Mn，Al 和 Co）与 Ag 原子所构成的界面之间的距离，或者界面处 Ag 原子与 X-X 原子所构成的平面之间的距离。对图 4.2（a）所指的 MnAl 端面而言，在标记为 "0" 和 "4" 的两个平面内的 Ag 原子各自是被视为共面的。所以，来自 Layer "–1" 的 Mn/Al 原子到平面 "0" 的距离分别是 0.19826nm 和 0.19889nm，它们之差为 0.00063nm。与此同时，来自 Layer "5" 的 Mn/Al 原子到平面 "4" 的距离分别是 0.19824nm/0.19889nm，它们之差为 0.00065nm。与此类似，在图 4.2（b）中的由 Co 原子构成的 Layer "–1" 和 "5" 也是分别共面的。所以，Layer "0" 内的两个 Ag 原子到平面 "–1" 的距离是 0.18642nm 和 0.18560nm（两者之差为 0.00082nm）；另外，layer "4" 的两个 Ag 原子到平面 "5" 的距离是 0.18628nm 和 0.18564nm，相差 0.00064nm。很明显，上述差值之间的区别非常地小，以至于我们可以完全认为 MnAl- 端面或 CoCo-端面的 $L2_1$ 型的 $Co_2MnAl/Al/Co_2MnAl$ 三层膜在界面处是十分光滑的。有趣的是，依据我们计算出来的数据分析，B2 型的 $Co_2MnAl/AlCo_2MnAl$ 三层膜的所有 Layer 都是由同类别的原子构成且严格地共面，因此我们认为不论是在 MnAl- 端面或 CoCo-端面结构下，在异质结交界处均为绝对光滑，即没有任何的粗糙度。

4.3.2 磁性

有文献报道 Co_2MnAl 合金是一种非常有意思的化合物，因为即便是在 B2 型原子结构中仍旧有高达 0.760 的自旋极化率[33]。依据我们的模拟和计算结果，如果是 50% 的 B2 型原子无序度的话，Heusler 合金 Co_2MnAl 拥有更高的自旋极化率——0.848，具体参看图 4.3（b）。这样一来，自旋极化率就有非常可观的 11.58% 的涨幅。与此同时 $L2_1$ 型的仅仅只有 0.563，如图 4.3（a）所示。由图 4.3（a）和（b）可以发现，Mn 原子和 Co 原子的自旋向上带的部分态密度（Partial Density of States，PDOS）在费米面处有很大的差异，导致了两个图中各自总的态密度在费米面处分布的差异。因此，才导致了自旋极化率在两种相中的差异。接下来，我们将讨论这样的自旋极化率的差异对 Co₂MnAl/Al/Co₂MnAl 三层膜结构的极化电子输运有何影响。

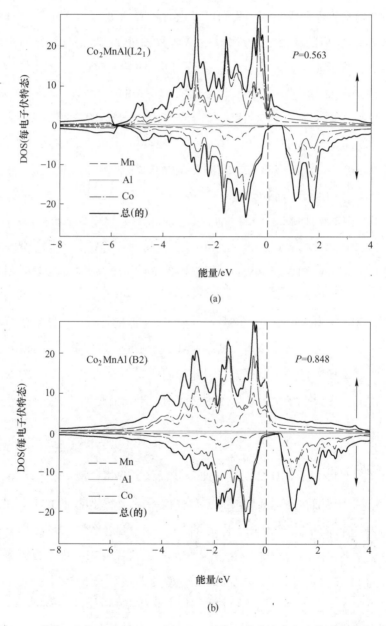

图 4.3   块体 Co₂MnAl 在 L2₁(a) 和 B2(b) 结构下的总态密度和分波态密度图

关于磁阻率（Magneto-Resistance Ratio）的大小情况，依据 Valet 和 Fert 模型[36]，我们知道它主要由两种内在因素所决定的，一是块体的自旋反对称系数（β）和界面自旋反对称系数（γ）所决定的。既然如此，很有必要采取各种办法来提高 β 系数的值，比如说，提高 Co_2MnAl 薄膜的退火温度从 873K 到 1073K（甚至更高）以产生更大浓度的 B2 无序度，从而获得更高的 MR 比值。通过计算结果可以从图 4.3 中清晰地看到，B2 类型的 Co_2MnAl 电极材料展示出了相对较高的块体自旋反对称系数 β 约 0.8 的值。费米面处的自旋极化率以每个原子层为单位的层状分布图展示在了图 4.4（a）和（b）中，两图分别代表 $L2_1$ 型和 B2 型的 $Co_2MnAl/Ag/Co_2MnAl$ 磁性三层膜的情况。在界面附近的区域里，两种情况下都显示它们各自的半金属性质均遭到了破坏。然而，有一个共同的规律可以观察出来，那就是远离界面的地方，自旋极化率在慢慢恢复到接近块体水平。大约离 Ag 原子（图 4.4（a）和（b）中用阴影区域表示的就是 Ag 原子层）有差不多四个原子层数的地方，该处的自旋极化率就基本达到对应块体的自旋极化率值了。这种现象表明，出现这种特征实际上对于整个电极而言，有效地保持相对较高的块体自旋反对称系数值是有利的，换言之，选择 Co_2MnAl 作为电极材料对整个器件而言是有积极意义的。然而对于另外一种情况，即 $Co_2MnAl(L2_1)/Al/Co_2MnAl(L2_1)$ 类型器件不论是 MnAl-端面还是 CoCo-端面的结合方式来说，都是不太乐观的。因为它们都出现了在远离第四层原子以外的地方，各自对应的自旋极化率 P 的数值在 0.6~0.7 之间忽上忽下地规律性震荡。$Co_2MnAl(B2)/Ag/Co_2MnAl(B2)$ 类型器件的情况就要比它要好得多，至少其每层的自旋极化率没有那么剧烈地震荡。还有一个有意思的现象就是，Mn-Al 原子层的 P 的数值往往总比 Co-Co 原子层的大，原因是 Mn 原子对自旋极化的贡献要比 Co 原子的大。在具有 50% 的 Mn-Al 交换无序的 B2 型结构中，不管是 Mn-Al 还是 Co-Co 类型的原子层中，它们都有相对比较大的平均自旋极化率值，这可以通过对比图 4.4（a）和（b）看出来。因此，我们可以说 50% 的 Mn-Al 交换无序度对提升电极材料中每个原子层的半金属性是有很大帮助的。

为深入研究界面附近的原子层的情况，我们分析了 MnAl-端面和 CoCo-端面的 $Co_2MnAl(B2)/Ag/Co_2MnAl(B2)$ 的电子结构，如图 4.5 所示。每一层的（Co-Co、Mn-Mn 或 Al-Al）原子分波态密度 PDOS 以自旋向上和自旋向下两种不同的情况画出。这些电子结构的分析能够反映出沿 Z 方向原子从周期排布

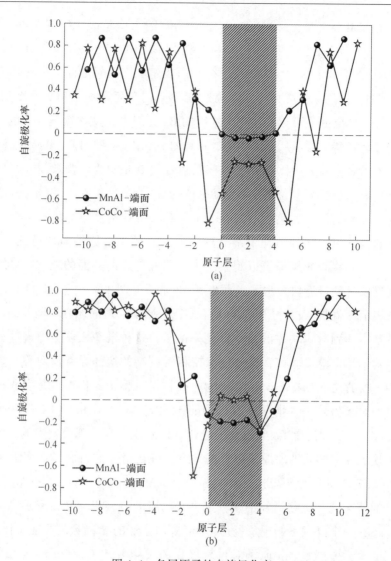

图 4.4   各层原子的自旋极化率

（a）$Co_2MnAl(L2_1)/Ag/Co_2MnAl(L2_1)$；（b）$Co_2MnAl(B2)/Ag/Co_2MnAl(B2)$

（灰色部分表示 Ag 原子层）

到界面截止的某些规律性变化。每个原子层包含了两个同类别的原子，但是即便是相同的原子类别，不同的层数所展示出来的电子结构却是不一样的。一个有趣的现象可以从图 4.5 中看出来，那就是只要是离开界面处 3~4 层原子的地方，比较明显的自旋向下带的带隙便开始出现，这意味着在该处半金属性质得以保留。

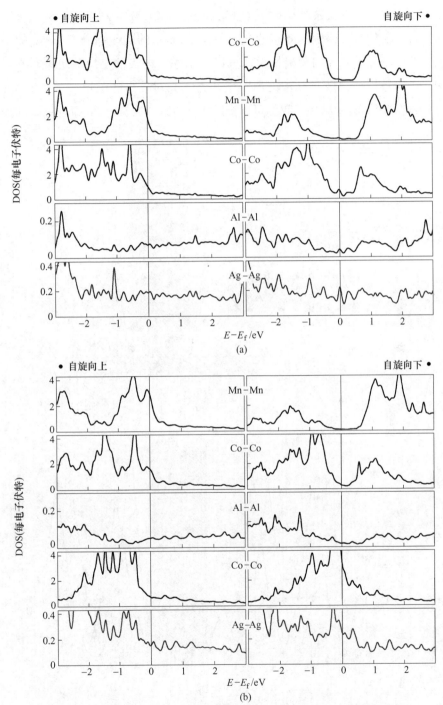

图 4.5 B2 相的 $Co_2MnAl/Ag/Co_2MnAl$ 磁电阻结各原子层的分波态密度图

(a) B2-based $Co_2MnAl/Ag/Co_2MnAl$ MnAl-端面 DOS；(b) B2-based $Co_2MnAl/Ag/Co_2MnAl$ CoCo-端面 DOS

图 4.6 展示的是两种端面下的 L2$_1$ 和 B2 型 $Co_2MnAl/Ag/Co_2MnAl$ 磁电阻结的每一层的自旋磁矩的分布情况。图 4.6（a）的阴影部分表示 Ag 的中心区，左右则表示两端的电极情况，可以看出左右电极的自旋磁矩是非常对称的。以奇数（或偶数）标注的原子层获得了相对较高的磁矩，对应于 MnAl-（或 CoCo-）端面的结构。我们可以推断出 Mn 原子拥有比 Co 原子更高的磁矩

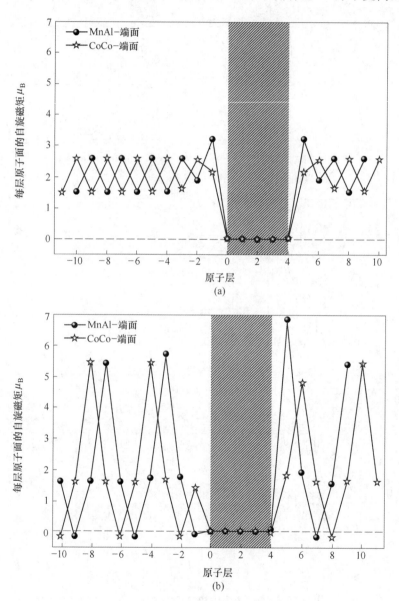

图 4.6　各原子层对应的磁矩

（a）$Co_2MnAl(L2_1)/Ag/Co_2MnAl(L2_1)$；（b）$Co_2MnAl(B2)/Ag/Co_2MnAl(B2)$

（这里我们忽略了 Ag 原子的 d 电子贡献）。B2 型 $Co_2MnAl/Ag/Co_2MnAl$ 磁电阻结中的情况则发生了改变，在图形中左右两边已经不再对称了，而且更高的磁矩出现在了一些特定的原子层上（如在 MnA-l 端面的原子层序数为 -7、-3、5 和 9 的情况，或者是在 CoCo-端面的原子序数为 -8、-4、6 和 10 的情况）。其中最大的磁矩（$6.822\mu_B$）则出现在了 MnAl 端面结构原子层数序号为 5 的地方，注意这一层刚好有两个 Mn 原子力 Ag 原子界面最近。以上出现的特征很可能强烈地影响着每层的电子结构，也使得原子层的自旋极化率得以提高。

4.3.3 电子输运性质

在一个开放系统中，我们考虑两个组成部分，即左/右半无限长电极和包含着 Heusler 合金及界面的散射区。基于收敛的对电极和散射区的自洽计算，我们即可对透射系数进行计算。能量-和自旋-分解的透射概率，即 $T^\sigma(E)$，处于输运计算的核心地位，可用下式表示：

$$T^\sigma(E) = \frac{1}{N^2}\int d^2k_\parallel \, T^\sigma(\boldsymbol{k}_\parallel, \, E) \qquad\qquad (4.1)$$

式中，σ 为自旋通道（向上或者向下）；$N \times N$ 为二维（2D）布里渊区（BZ）的样点数目。平面内的电子波函数矢量 $\boldsymbol{k}_\parallel$ 用来描述 2-D BZ 内的任意点，即 $\boldsymbol{k}_\parallel = (k_x, \, k_y)$。$L2_1$ 和 B2 型 $Co_2MnAl/Ag/Co_2MnAl$ 磁电阻结计算出来的自旋依赖电子透射图（对截断 $\boldsymbol{k}$ 空间的平均）展现在图 4.7（a）和（b）中。从图 4.7（2）、（4）、（6）和（8）中，我们能够轻易地观察到当左右电极的磁场处于反平行时费米面处的透射"带隙"出现在自旋向上和自旋向下的通道中。在这些情况下，$T^\sigma(E_f)$ 的值非常小以至于可以忽略不计。同时，尽管自旋向下带的电子只有很少（$T^{dn}(E_f) \approx 0$），而在磁场平行条件下的自旋向上的透射系数却很大（如图 4.7（1）、（3）、（5）和（7）所示），即 $L2_1$ 型 $Co_2MnAl/Ag/Co_2MnAl$ 磁电阻结的 MnAl-端面或 CoCo-端面的值 $T^{up}(E_f) = 0.1310$ 或 $T^{up}(E_f) = 0.0892$，而 B2 型 $Co_2MnAl/Ag/Co_2MnAl$ 磁电阻结的 MnAl-端面或 CoCo-端面的值 $T^{up}(E_f) = 0.6888$ 或 $T^{up}(E_f) = 0.6880$。显而易见，B2 型的性能比 $L2_1$ 型的要优越很多，在 MnAl-端面或 CoCo-端面结构下自旋向上通道的电子通过情况来看前者比后者有着 425.802% 或 671.300% 的增幅。

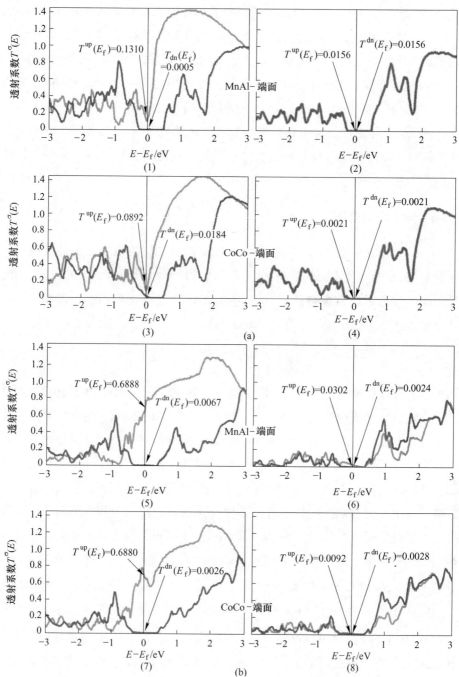

图 4.7　L2₁ 和 B2 相 Co₂MnAl/Ag/Co₂MnAl 磁电阻结的透射谱曲线

（a）L2₁ 型 Co₂MnAl/Ag/Co₂MnAl 透射系数；（b）B2 型 Co₂MnAl/Ag/Co₂MnAl 透射系数

（1），（3），（5），（7）平行；（2），（4），（6），（8）反平行

由两种不同磁特性的铁磁材料层构成薄膜结构被称为自旋阀。在自旋阀结构中，为了让两个磁性薄膜达到反平行方向的磁化方向，可采用对应于不同的磁场沉积两种铁磁性材料。我们知道，MR 比值是反映自旋阀器件性能的一项重要的参数，它有两种定义，即广义（Optimistic）和狭义（Pessimistic）的定义，分别表示为：

$$MR_{\text{opt}} = \frac{G_{\text{P}} - G_{\text{AP}}}{G_{\text{AP}}} \times 100\% = \frac{(T_{\text{P}}^{\text{up}} + T_{\text{P}}^{\text{dn}}) - (T_{\text{AB}}^{\text{up}} + T_{\text{AB}}^{\text{dn}})}{T_{\text{AP}}^{\text{up}} + T_{\text{AP}}^{\text{dn}}} \times 100\%$$

$$(4.2)$$

$$MR_{\text{pes}} = \frac{G_{\text{P}} - G_{\text{AP}}}{G_{\text{P}} + G_{\text{AP}}} \times 100\% = \frac{(T_{\text{P}}^{\text{up}} + T_{\text{P}}^{\text{dn}}) - (T_{\text{AB}}^{\text{up}} + T_{\text{AB}}^{\text{dn}})}{(T_{\text{P}}^{\text{up}} + T_{\text{P}}^{\text{dn}}) + (T_{\text{AP}}^{\text{up}} + T_{\text{AP}}^{\text{dn}})} \times 100\% \quad (4.3)$$

式中，G_{P} 和 G_{AP} 为磁场平行与反平行时的电导。依据式（4.2）和式（4.3），通过第一性原理计算（即图 4.7 所显示的数据），理论上广义的和狭义的 MR 比值对 $L2_1$ 型 $Co_2MnAl/Ag/Co_2MnAl$ 三明治型磁性电阻结的 MnAl-（或 CoCo-）端面来说分别是 321.474%（538.095%）和 61.647%（62.832%）；而对 B2 型 $Co_2MnAl/Ag/Co_2MnAl$ 三层膜磁性电阻结的 MnAl-（或 CoCo-）端面的值则分别为 2033.436%（5655.000%）和 91.045%（96.584%）。以上所有的数据表明 CoCo-端面的 MR 值均比 MnAl-端面结构的 MR 值要大一些。因此，B2 型 CoCo-端面结构的 $Co_2MnAl/Ag/Co_2MnAl$ 磁电阻结具有更为优越的性能，因为在磁场平行时它具有很高的电子输运系数而在反平行时极化电流几乎是被完全阻塞的。

下面具体分析 $\boldsymbol{k}$ 点分解的透射系数作为 k_x 和 k_y 的函数在 2-D BZ 垂直于输运方向（Z 方向）的各种条件下的情况。图 4.8 展示了对 $\boldsymbol{k}_{\parallel}$ 依赖的 $T^{\sigma}(E, k_x, k_y)$ 在 $E = E_{\text{f}}$ 的等高图。其中，自旋向上的情况位于第一和第三列，自旋向下位于第二和第四列，$L2_1$ 相位于第一和第二排，B2 相位于第三和第四排，MnAl-端面排布的位于第一和第三排，CoCo-端面排布的位于第二和第四排，磁场平行的情况位于第一和第二列，而磁场反平行的位于第三和第四列。每个点对应的透射系数的值的大小用颜色来表征（数值的大小跟颜色从深蓝到深红是成比例的），这样一来，就将 $T^{\sigma} \sim \boldsymbol{k}_{\parallel}$ 关系在图上画出来。显然，这些关于 $T^{\sigma}(E, k_x, k_y)$ 的信息与图 4.7 所展示的透射谱信息是一致的。

正如图 4.8（a）、（e）、（i）和（m）所显示的那样，自旋向上的透射效率强烈地依赖于 Co_2MnAl 电极的无序度，而且还可以清晰地对比出 B2 型

MnAl-端面或 CoCo-端面结构的磁电阻结所对应的 $T^{up}(E, k_x, k_y)$ 分布的密度远高于 $L2_1$ 类型的情况。对中心区 Ag 而言，隧穿电子具有非常高的透射效率，尤其是在深红色分布的点上，这也是高透射对应的"热点"[37]。其他透射花样的子图（如图 4.8 (f)~(h)、(j)~(l) 以及 (n)~(p) 所示）都几乎是没有任何亮点的，而全部是深蓝色的背景颜色。这也说明相应的自旋极化电子的透射几乎完全被阻塞或压制了。另外的一个不同之处也能轻易地从 $L2_1$ 类型和 B2 类型中的自旋向上通道中区分开来（如图 4.8 的第一列所示）。对 $L2_1$ 类型来说，不管是 MnAl-端面还是 CoCo-端面的结构，在 E_f 处的透射系数都集中地分布在 $\boldsymbol{k}_\parallel = \boldsymbol{\Gamma}$ 周围附近，在其他区域内则很少有分布（如图 4.8 (a) 和 (e) 所示）。作为对比，B2 类型的分布则远离 $\boldsymbol{\Gamma}$ 点且多数分布在沿 2-D BZ 区间的对角线上（如图 4.8 (i) 和 (m) 所示）。

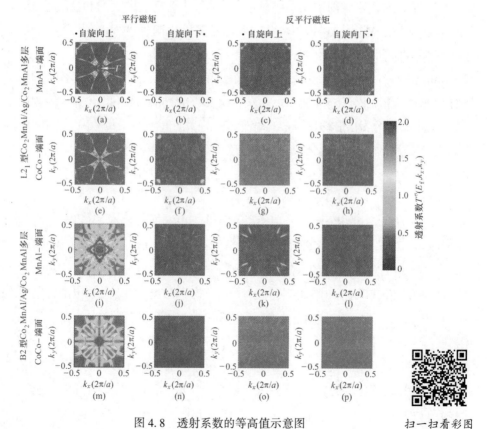

图 4.8   透射系数的等高值示意图

扫一扫看彩图

我们对透射系数对能量的依赖关系也进行了研究。将 $T^\sigma(E, \boldsymbol{k}_\parallel)$ 对几个能量参数（$E_f - 60\text{meV}$、E_f 和 $E_f + 60\text{meV}$）的演变等高值图画在了图 4.9 中。我们考虑的是 B2 相的 $Co_2MnAl/Ag/Co_2MnAl$ 磁电阻结的 MnAl-端面（第一和第二列）和 CoCo-端面（第三和第四列）的情况。注意到随着能量的增加，自旋向上的 MnAl-端面和 CoCo-端面结构的透射在紧挨着 $\boldsymbol{\Gamma}$ 点附近只有很小幅度的变化，预示着这种 B2 相的 $Co_2MnAl/Ag/Co_2MnAl$ 磁电阻结对能量不依赖的性质。然而，CoCo-端面结构的透射系数在 $\boldsymbol{\Gamma}$ 点附近随着能量从 $E_f - 60\text{meV}$ 升高到 $E_f + 60\text{meV}$ 变化巨大，而 MnAl-端面结构的则几乎不变。进一步地，这些花样图的变化情况也不是一致的：随能量的增加，MnAl-端面的结构在 2-D BZ 沿着 $k_x = 0$ 和 $k_y = 0$ 方向上在变得密集，但在 CoCo-端面的结构却在迅速地变得稀疏。与自旋向上电子透射花样相比，自旋向下的情况则表现出不依赖能量的迹象，因为其在两种不同的结构中都没有什么变化。

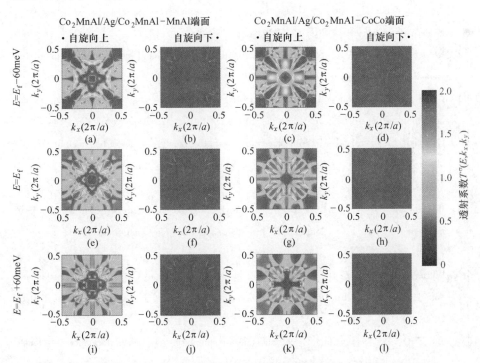

图 4.9　B2 相的 $Co_2MnAl/Ag/Co_2MnAl$ 磁电阻结透射系数在费米能级附近的分布

4.4　本章小结

我们利用第一性原理电子结构和弹道输运计算，系统地研究了 $L2_1$ 和 B2

相的 $Co_2MnAl/Ag/Co_2MnAl$ 磁隧道结的性质。研究发现，透射系数 $T^\sigma(E, \pmb{k}_\parallel)$ 强烈地依赖三明治器件的原子结构，以致在 $L2_1$ 和 B2 相的结中存在不同的 MR 比值。前者获得了约 60% 的 MR 比值而后者提高到超过 90% 的数值，使得这种情况下的数值得到了 30% 左右的提升。导致 MR 值不同的原因很可能是两种相结构的每原子层的自旋极化率和自旋磁矩的不同分布。对 $T^\sigma(E, \pmb{k}_\parallel)$ 在费米面附近的计算结果证实了 B2 相 $Co_2MnAl/Ag/Co_2MnAl$ 磁隧道结是一种具有高性能的且有较大应用价值的巨磁电阻结器件。

参 考 文 献

[1] De G R A, Mueller F M, Van E P G, et al. New class of materials: half-metallic ferromagnets [J]. Physical Review Letters, 1983, 50 (25): 2024.

[2] Žutić I, Fabian J, Sarma S D. Spintronics: fundamentals and applications [J]. Reviews of Modern Physics, 2004, 76 (2): 323.

[3] Kübler J, William A R, Sommers C B. Formation and coupling of magnetic moments in Heusler alloys [J]. Physical Review B, 1983, 28 (4): 1745.

[4] Galanakis I, Dederichs P H, Papanikolaou N. Slater-Pauling behavior and origin of the half-metallicity of the full-Heusler alloys [J]. Physical Review B, 2002, 66 (17): 174429.

[5] Galanakis I, Mavropoulos P. Spin-polarization and electronic properties of half-metallic Heusler alloys calculated from first principles [J]. Journal of Physics: Condensed Matter, 2007, 19 (31): 315213.

[6] Buschow K H J, Van Engen P G, Jongebreur R. Magneto-optical properties of metallic ferromagnetic Materials [J]. Journal of Magnetism and Magnetic Materials, 1983, 38 (1): 1~22.

[7] Wurmehl S, Fecher G H, Kandpal H C, et al. Investigation of Co_2FeSi: the Heusler compound with highest Curie temperature and magnetic moment [J]. Applied Physics Letters, 2006, 88 (3): 32503.

[8] Bai Z Q, Lu Y H, Shen L, et al. Transport properties of high-performance all-Heusler $Co_2CrSi/Cu_2CrAl/Co_2CrSi$ giant magnetoresistance device [J]. Journal of Applied Physics, 2012, 111 (9): 93911.

[9] Li Y, Xia J, Wang G, et al. High-performance giant-magnetoresistance junction with B2-disordered Heusler alloy based $Co_2MnAl/Ag/Co_2MnAl$ trilayer [J]. Journal of Applied Physics, 2015, 118 (5): 53902.

[10] Takagishi M, Koi K, Yoshikawa M, et al. The applicability of CPP-GMR heads for mag-

netic recording [J]. IEEE Transactions on Magnetics, 2002, 38 (5): 2277~2282.

[11] Childress J R, Carey M J, Cyrille M C, et al. Fabrication and recording study of all-metal dual-spin-valve CPP read heads [J]. IEEE Transactions on Magnetics, 2006, 42 (10): 2444~2446.

[12] Huang H B, Ma X Q, Liu Z H, et al. Modelling high-power spin-torque oscillator with perpendicular magnetization in half-metallic Heusler alloy spin valve nanopillar [J]. Journal of Alloys and Compounds, 2014, 597: 230~235.

[13] Julliere M. Tunneling between ferromagnetic films [J]. Physics Letters A, 1975, 54 (3): 225~226.

[14] Kämmerer S, Thomas A, Hütten A, et al. Co_2MnSi Heusler alloy as magnetic electrodes in magnetic tunnel junctions [J]. Applied Physics Letters, 2004, 85 (1): 79~81.

[15] Du Y, Varaprasad B S, Takahashi Y K, et al. ⟨001⟩ textured polycrystalline current-perpendicular-to-plane pseudo spin-valves using $Co_2Fe(Ga_{0.5}Ge_{0.5})$ Heusler alloy [J]. Applied Physics Letters, 2013, 103 (20): 202401.

[16] Tanaka M A, Ishikawa Y, Wada Y, et al. Preparation of Co_2FeSn Heusler alloy films and magnetoresistance of $Fe/MgO/Co_2FeSn$ magnetic tunnel junctions [J]. Journal of Applied Physics, 2012, 111 (5): 53902.

[17] Miura Y, Nagao K, Shirai M. Atomic disorder effects on half-metallicity of the full-Heusler alloys $Co_2(Cr_{1-x}Fe_x)Al$: a first-principles study [J]. Physical Review B, 2004, 69 (14): 144413.

[18] Picozzi S, Continenza A, Freeman A J. Role of structural defects on the half-metallic character of Co_2MnGe and Co_2MnSi Heusler alloys [J]. Physical Review B, 2004, 69 (9): 94423.

[19] Kandpal H C, Ksenofontov V, Wojcik M, et al. Electronic structure, magnetism and disorder in the Heusler compound Co_2TiSn [J]. Journal of Physics D: Applied Physics, 2007, 40 (6): 1587.

[20] Feng Y, Zhou T, Chen X, et al. The effect of Mn content on magnetism and half-metallicity of off-stoichiometric Co_2MnAl [J]. Journal of Magnetism and Magnetic Materials, 2015, 387: 118~126.

[21] Raphael M P, Ravel B, Willard M A, et al. Magnetic, structural, and transport properties of thin film and single crystal Co_2MnSi [J]. Applied Physics Letters, 2001, 79 (26): 4396~4398.

[22] Ö zdoğan K, Sasıoğlu E, Aktas B, et al. Doping and disorder in the Co_2MnAl and

Co_2MnGa half-metallic Heusler alloys [J]. Physical Review B, 2006, 74 (17): 172412.

[23] Chen Y, Wu B, Yuan H, et al. The defect-induced changes of the electronic and magnetic properties in the inverse Heusler alloy Ti_2CoAl [J]. Journal of Solid State Chemistry, 2015, 221: 311~317.

[24] Zhou Y, Chen Y, Feng Y, et al. First-principles study on the effect of defects on the electronic and magnetic properties of the Ti_2NiAl inverse Heusler alloy [J]. The European Physical Journal B, 2014, 87 (12): 1~10.

[25] Sakuraba Y, Nakata J, Oogane M, et al. Magnetic tunnel junctions using B2-ordered Co_2MnAl Heusler alloy epitaxial electrode [J]. Applied Physics Letters, 2006, 88 (2): 22503.

[26] Nakatani T M, Furubayashi T, Kasai S, et al. Bulk and interfacial scatterings in current-perpendicular-to-plane giant magnetoresistance with $Co_2Fe(Al_{0.5}Si_{0.5})$ Heusler alloy layers and Ag spacer [J]. Applied Physics Letters, 2010, 96 (21): 212501.

[27] Chen J, Furubayashi T, Takahashi Y K, et al. Crystal orientation dependence of band matching in all-B2-trilayer current-perpendicular-to-plane giant magnetoresistance pseudo spin-valves using $Co_2Fe(Ge_{0.5}Ga_{0.5})$ Heusler alloy and NiAl spacer [J]. Journal of Applied Physics, 2015, 117 (17): 17C119.

[28] Oogane M, Sakuraba Y, Nakata J, et al. Large tunnel magnetoresistance in magnetic tunnel junctions using Co_2MnX (X=Al, Si) Heusler alloys [J]. Journal of Physics D: Applied Physics, 2006, 39 (5): 834.

[29] Umetsu R Y, Kobayashi K, Fujita A, et al. Magnetic properties and stability of $L2_1$ and B2 phases in the Co_2Mn Al Heusler alloy [J]. Journal of Applied Physics, 2008, 103 (7): 07D718.

[30] Perdew J P, Burke K, Ernzerhof M. Generalized gradient approximation made simple [J]. Physical Review Letters, 1996, 77 (18): 3865.

[31] Taylor J, Guo H, Wang J. Ab initio modeling of quantum transport properties of molecular electronic devices [J]. Physical Review B, 2001, 63 (24): 245407.

[32] Waldron D, Haney P, Larade B, et al. Nonlinear spin current and magnetoresistance of molecular tunnel junctions [J]. Physical Review Letters, 2006, 96 (16): 166804.

[33] Sakuraba Y, Nakata J, Oogane M, et al. Magnetic tunnel junctions using B2-ordered Co_2MnAl Heusler alloy epitaxial electrode [J]. Applied Physics Letters, 2006, 88 (2): 22503.

[34] Yu H L, Zhang H B, Jiang X F, et al. Transport and magnetic properties of the $Co_2MnSi/$

Al/Co$_2$MnSi trilayer [J]. Applied Physics Letters, 2012, 100 (22): 222407.

[35] Geisler B, Kratzer P, Popescu V. Interplay of growth mode and thermally induced spin accumulation in epitaxial Al/Co$_2$TiSi/Al and Al/Co$_2$TiGe/Al contacts [J]. Physical Review B, 2014, 89 (18): 184422.

[36] Valet T, Fert A. Theory of the perpendicular magnetoresistance in magnetic multilayers [J]. Physical Review B, 1993, 48 (10): 7099.

[37] Wunnicke O, Papanikolaou N, Zeller R, et al. Effects of resonant interface states on tunneling magnetoresistance [J]. Physical Review B, 2002, 65 (6): 64425.

5 Co_2MnSi 合金磁电阻结 DO_3 无序界面特征及自旋极化输运

5.1 引言

高自旋极化特征蕴含在很多半金属铁磁材料中，例如 Co 基全 Heusler 合金材料[1,2]，这被视作在实际的自旋电子学期间制备过程中的一项前提条件。这类已经被证实为很有前景的 Heusler 备选材料，例如三元合金 Co_2MnSi （CMS）[3,4]、四元合金 $Co_2Fe_{0.4}Mn_{0.6}Si$[5] 以及 $Co_2FeAl_{0.6}Si_{0.5}$[6]，显示出典型的半金属性质（Half-Metallicity，HM），源于费米能级（E_f）位于它们自旋向下带的带隙中，这些特点使得它们经常被用作全金属电流垂直于平面（Current Perpendicular to Plane，CPP）巨磁阻（Giant Magneto-Resistance，GMR）器件的电极材料。其中有一些器件被用来作为下一代高密度磁盘读头[7]，以及芯片上纳米尺度无线频率自旋扭矩振荡器[8,9]等。

拥有一个相对来说很大的自旋向下带的带隙宽度 0.81eV，以及非常高的居里温度 985K[10,11]，CMS 合金被视为极具潜力的半金属电极材料并广泛地应用在 CPP-GMR 器件中[12~14]。既然具备 100% 的电子自旋极化特征，那么理所当然地可以认为在 CMS 合金基的 CPP-GMR 器件中应该有出色的近乎 100% 的磁阻率（Magneto Resistance Ratio，MR）。然而，其实际中的表现远远达不到理想期待的数值。以 CMS/Ag/CMS 为例说明，人们已经花费了很大的精力去提高 CMS/Ag/CMS 的磁阻率数值，该值也有逐步的增长，比如从较低的数值 14.8%[15]，逐渐提高到 28.8%[16]、33.0%[17]，以至于更高的数值 36.4%[13]，但始终都达不到理论上所预期的理想值。

实验上已经证实了在块体 Co_2MnSi 中存在着 7% 的 Mn 原子占据 Co 原子位置，而 14% 的 Co 原子占据 Mn 原子位置的情况[18]。这种类型的原子无序，人们称其为 DO_3 的无序类型，以 Co 和 Mn 原子的交换位置的方式发生着。根据我们先前的研究工作表明这种无序也发生在 Ag/CMS 的界面处[19]。研究还得出下面的结论：（1）最容易形成的界面方式是以 CMS 的 MnSi-端面与两个 Ag 原子以"桥位"的方式连接；（2）DO$_3$ 的无序方式在界面处且退火温度升高的时候是最容易发生的，因为其对应的形成能（0.91eV）是另外 8 种无序可能方式（1.35~5.48eV）当中最低的值。

为弄清界面本身的原因以及界面无序的效应对全金属 CPP-GMR 器件电子极化输运的影响，以及为什么实际中的 *MR* 值如此低的可能原因，我们利用第一性原理弹道输运计算展开了对 CMS/Ag/CMS(001)磁性三层膜结构的研究，具体来说是将 L2$_1$ 有序结构和 DO$_3$ 无序结构进行对比研究。其中，DO$_3$ 的无序是指发生在界面处跟次界面处各自对应的两层原子之间的交换无序。

5.2 计算方法

为了恰当地模拟超薄的 CMS/Ag/CMS 三层膜结构，我们假定每个电极材料只包含 10 层（MLs）原子层用以简化该模型，如图 5.1 所示。对体系的结构优化和电子结构计算是采用了基于密度泛函理论（DFT）为框架的第一性原理程序 Vienna Ab-initio Simulation Package（VASP）代码[20]。其中，在进行结构优化的过程中，我们使得每个原子上受到的 Hellmann-Feynman 作用力小于 0.001eV/nm。根据 Julliére 模型的假设，当左右铁磁性区域电极材料 F$_1$ 和 F$_2$ 的外加磁场的方向处于平行（P）与反平行（AP）的不同配置下时，磁电阻结的电导情况是不一样的[21]，并且该 GMR 器件中的 *MR* 值的表达式可以写成[22]：

$$MR = \frac{\Delta R}{R_P} = \frac{P_{AB} - R_P}{R_P} = \frac{G_P - G_{AP}}{G_{AP}} \tag{5.1}$$

式中，R 和 G 分别为与磁场方向配置紧密相关的电阻和电导。这里 G 是由自旋分解的态密度（Density of States，DOS）的值所决定的，即存在这样的关系，$G_P \sim M_1 M_2 + N_1 N_2$ 和 $G_{AP} \sim M_1 N_2 + N_1 M_2$ [23]，其中，M_1 和 N_1 表示的是 F$_1$ 里的自旋向上和自旋向下的 DOS 值，同理，M_2 与 N_2 表示 F$_2$ 里的自旋向上和自旋向下的 DOS 值。自旋极化率可以定义为[24]：

$$P_i = \frac{M_i - N_i}{M_i + N_i} \tag{5.2}$$

式中，i 为 1，2；P_1 和 P_2 分别为 F$_1$ 和 F$_2$ 里的自旋极化率。那么由式（5.1）可以得到：

$$MR = \frac{2P_1P_2}{1 + P_1P_2} \tag{5.3}$$

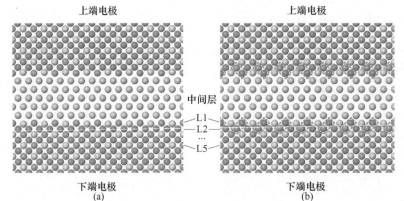

图 5.1　CMS/Ag/CMS 磁电阻结在 L2$_1$ 有序和

界面 DO$_3$ 无序结构图

（a）L2$_1$ 有序多层结构 Co$_2$MnSi/Ag/Co$_2$MnSi（001）；

（b）界面 DO$_3$ 无序多层结构 Co$_2$MnSi/Ag/Co$_2$MnSi（001）

扫一扫看彩图

　　进一步地，使用基于非平衡格林函数（Non-Equilibrium Green's Function，NEGF）方法的 NANODCAL 程序包[25,26]，并采取双 ζ 极化基组（DZP）来描述系统价电子轨道，我们还研究了三层膜结构的磁输运性质，经由能量和自旋分解的透射系数 $T^\sigma(E)$ 来表征[27]：

$$T^\sigma(E) = \frac{1}{N^2}\int d^2k_\parallel \, T^\sigma(\boldsymbol{k}_{11}, E) \tag{5.4}$$

式中，σ 为自旋向上和自旋向下；N^2 为二维（2-D）布里渊区（BZ）的 sampling 点；$\boldsymbol{k}_\parallel$ 为平面内电子波函数。

5.3　结果与讨论

5.3.1　界面结构的稳定性

　　我们将在以下内容讨论有序和无序 Co$_2$MnSi/Ag 构成的界面结构。正如在文献［19］中所提到的，在一定的热动力学范围内形成 MnSi/Ag 界面的概率是最大的。两种原始的有序结构（O）可能会在界面处形成，即 $_tO$ 结构（此时界面原子与 Ag 原子是面对面相连接的）和 $_bO$ 结构（此时界面原子正好落在两个 Ag 原子的中间桥位置上）。这里两种不同的无序，即 DO$_3$-无序和 A2-无序（此时 Co 和 Si 原子交换它们之间位置）将被考虑。我们定义 $_t^1O(DO_3)$ 代表 DO$_3$-无序发生在界面处的 Mn 原子（L1，如图 5.1（a）所示）与次界面处（L2）的 Co 原子之间，同理，$_t^2O(DO_3)$ 代表的意思是 L2 层的 Co 原子与 L3 的 Mn 原子发生交换。以此类推，$_t^3O(A2)$ 代表 A2-无序发生在 L1 层的 Si 原子与 L2$_1$ 层的 Co 原子之间，同样，$_t^4O(A2)$ 表示 L2$_1$ 的 Co 原子与 L3 的 Si 原子发生交换。以这样的逻辑推断，$_b^1O(DO_3)$、$_b^2O(DO_3)$、$_b^3O(A2)$ 以及 $_b^4O(A2)$ 则表示类似的无序发生在桥位的结构当中。界面自由能 γ 作为原子化学势的函数，可以写成[28]：

$$\gamma = \frac{1}{2A}\Big[E_t - \sum_i N_i\mu_i\Big] \tag{5.5}$$

式中，A 为界面的截面积；E_t 为总能；N_i 为第 i 个原子数；μ_i 为对应原子的化学势，它的数值取决于所处的具体化学环境。当界面处于热动力学平衡条件下时，各元素相互依赖的化学势由下式制约：

$$2\mu_{Co} + \mu_{Mn} + \mu_{Si} = \mu_{Co_2MnSi(bulk)} \tag{5.6}$$

式中，$\mu_{Co_2MnSi(bulk)}$ 为块体 Co$_2$MnSi 的化学势，它等于块体 Co$_2$MnSi 初基晶胞的总能。而 Co、Mn 和 Si 原子的化学势由下式限定：

$$\begin{cases} \mu_{Co}^{Min} \leqslant \mu_{Co} \leqslant \mu_{Co(bulk)} \\ \mu_{Mn}^{Min} \leqslant \mu_{Mn} \leqslant \mu_{Mn(bulk)} \\ \mu_{Si}^{Min} \leqslant \mu_{Si} \leqslant \mu_{Si(bulk)} \end{cases} \tag{5.7}$$

即，Co、Mn 和 Si 的化学势不能超过它们对应的块体的化学势：Co 块体（$\mu_{Co(bulk)}$）、Mn 块体（$\mu_{Mn(bulk)}$）和 Si 块体（$\mu_{Si(bulk)}$）。这是因为，如果 $\mu_\alpha \geqslant \mu_{\alpha(bulk)}$，一种 α 元素的固体就会自发地析出而进一步阻止 μ_α 的增加，另外，由于块体中 μ_{Co}、μ_{Mn} 和 μ_{Si} 的最小值由下式确定：

$$\begin{cases} \mu_{Co}^{Min} = E_t(Co_{2n}Mn_nSi_n) - E_t(Co_{2n-1}Mn_nSi_n) \\ \mu_{Mn}^{Min} = E_t(Co_{2n}Mn_nSi_n) - E_t(Co_{2n}Mn_{n-1}Si_n) \\ \mu_{Si}^{Min} = E_t(Co_{2n}Mn_nSi_n) - E_t(Co_{2n}Mn_nSi_{n-1}) \end{cases} \tag{5.8}$$

式中，$E_t(Co_{2n}Mn_nSi_n)$、$E_t(Co_{2n-1}Mn_nSi_n)$、$E_t(Co_{2n}Mn_{n-1}Si_n)$ 和 $E_t(Co_{2n}Mn_nSi_{n-1})$

是纯净的、Co、Mn 或 Si 缺陷的 Co_2MnSi 体系（由 n 个初基晶胞构成的）的总能。各种可能的无序结构的形成能 E_f 由下式决定[29]：

$$E_f = E_t' - E_t - \sum_i n_i \mu_i \qquad (5.9)$$

式中，E_t 和 E_t' 为有序结构和无序结构的总能；整数 n_i 为增加（$n_i > 0$）的原子数目或从有序结构移除（$n_i < 0$）的原子数目以形成无序结构。界面的自由能/每原子，所有的有序结构总能，以及无序结构的相对于 $_bO$ 有序结构的形成能（$\Delta E_f = E_f - E_f(_bO)$）被计算出来了且呈现在表 5.1 中。我们从表 5.1 中可以得出以下推论：（1）在 Co_2MnSi 里有限与 Ag 原子以桥位的方式连接是因为所有的 $_bO-$ 类型界面相比于对应的 $_tO$ 类型结构有着更低的形成能和界面自由能；（2）DO_3 无序是比起 A2 无序 来说，最有可能形成，原因是 $_bO(DO_3)$ 比起 $_bO(A_2)$ 来说有着更低的界面形成能。而 $\frac{1}{b}O$ 的值又要比 $\frac{2}{b}O$ 的低。$\frac{1}{b}O(DO_3)$ 无序界面拥有最低的形成能（0.9081eV）所以是能量上最容易形成的。因此，在后续的讨论中，我们重点关注 $\frac{1}{b}O(DO_3)$ 无序界面的电子结构和磁输运性质。

表 5.1   计算得到的界面自由能 γ 和与 $_bO$ 有序结构比较的形成能 ΔE_f[19]

结构	γ/eV	$\Delta E_f/eV$
$_bO$	$-0.200 \sim 1.274$	0.0000
$_1^bO(DO_3)$	$-0.174 \sim 1.299$	0.9081
$_2^bO(DO_3)$	$-0.157 \sim 1.313$	1.4182
$_3^bO(A2)$	$-0.121 \sim 1.392$	2.6173
$_4^bO(A2)$	$-0.073 \sim 1.425$	4.0365
$_tO$	$-0.167 \sim 1.382$	1.3525
$_1^tO(DO_3)$	$-0.124 \sim 1.421$	2.6789
$_2^tO(DO_3)$	$-0.117 \sim 1.409$	2.7737
$_3^tO(A2)$	$-0.109 \sim 1.342$	5.1246
$_4^tO(A2)$	$-0.026 \sim 1.558$	5.4829

5.3.2 电子结构

为了清晰地描述界面处的原子排布情况，我们在图 5.1 展示了经过原子充分弛豫后的（a）$L2_1$ 型有序的和（b）界面 DO_3 无序的 $Co_2MnSi/Ag/Co_2MnSi$ 三层膜结构示意图。从图 5.1（a）和（b）的简单比较不难发现这两

张图所关注的 Ag/Co_2MnSi 的界面是有区别的。在图 5.1（b）中红色虚线所框住的两个原子——Co 和 Mn 原子，它们之间在相互地交换位置。实验上发现在大量的 Co_2Mn-基的 Heusler 合金当中（例如 CMS、Co_2MnGe、Co_2MnSn 和 $Co_2MnGa_{0.25}Ge_{0.75}$），当退火温度 T_{an} 攀升到接近 400℃ 的时候[30,31]，DO_3 类型的无序状况就开始出现了。而且，这种 DO_3 类型的无序程度还会进一步随着退火温度 T_{an} 的升高而加剧，最终将会导致相应的三层膜器件的 MR 值迅速地下降[31]。因此，$Co_2MnSi/Ag/Co_2MnSi$ 三层膜结构里的 DO_3 无序会在提高退火温度的时候难以避免地自发形成。更为严重的是，依据我们先前的研究结果，这样的无序效应会优先地在 Ag/Co_2MnSi 的界面处发生[19]。由此，我们将考虑两层特殊的原子层，即 L1 层和 L2 层。当这两层上的原子从原先有序的 $L2_1$ 型有序结构排列演变成为 Co-Mn 原子交换的 DO_3 无序结构排列时，对 CMS/Ag/CMS 三明治器件电子极化输运性质有何影响。

图 5.2 画出了计算出来的自旋依赖的态密度图（Density of States，DOS）。这里选取了界面处前 5 层的情况，即 L1~L5。左边的图 5.2（a）对应的是 $L2_1$ 类型的高度有序的结构，而右边的图 5.2（b）则对应的是 DO_3 类型的无序的结构。不同的特征表现很容易地体现在两张图的 L1 层原子的态密度上，尤其是将它们都与块体 CMS 的态密度相对比时。有一些非零的且不可忽略的进入到自旋向下带的带隙的 DOS 值起着不期望的甚至是相当有害的作用，即削减 MR 值。通过对分波态密度的分析发现，在 L1 层的 $L2_1$ 类型的结构中的 Mn 原子中，其 d 电子对进入到自旋向下带的带隙中的费米面附近 DOS 的贡献最大，而这里面 d_{xz} 又占了很大比重。众所周知，在自旋向下带费米面附近出现了带隙能够说明半金属性保留得较好[32]。对于 $L2_1$ 类型的 CMS/Ag/CMS 结构而言，我们可以观察到渐渐远离界面（L1 层），即从 L1 到 L5 的过程中，随着自旋向下带的费米面附近的 DOS 值逐渐减少，对应的带隙开始渐渐地出现，正如图 5.2（a）显示的那样。反之，对于另外一种结构——DO_3 类型的无序的结构，正是由于 Co-Mn 原子的交换无序作用，使得电子结构在 L1 到 L5 的原子层表现非常特别：从完全丧失半金属性到渐渐有所恢复。尤其是在 L1 层与 $L2_1$ 层的地方，自旋极化率甚至变为了负值。在自旋向下带，DOS 值达到了非常大的数值。类似地，在这种情况下，出现自旋向下带的 DOS 值异常高的原因也是由于在 L1 层的 Co-Si 原子层中，Co 原子的 d 电子对整个自旋向下的总 DOS 值起了重大贡献作用，其中，d_{xy} 成分又占据了很大一部分比重。

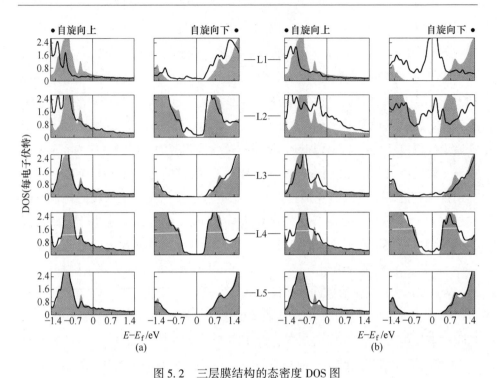

图 5.2   三层膜结构的态密度 DOS 图

（a）L2$_1$ 有序结构下的多层膜及 Co$_2$MnSi 块的 DOS；（b）DO$_3$ 无序结构下的

多层膜及 Co$_2$MnSi 块体的 DOS

（阴影表示块体 CMS 的 DOS）

5.3.3   磁输运研究

为了弄清电子结构的变化对 CMS/Ag/CM 三明治结构器件的电子输运的影响，我们研究了整个三层膜结构的中心散射区的透射谱情况，如图 5.3 所示。在 L2$_1$ 体系中 Co 和 Mn 原子是排列有序的，其透射谱 $T(E)$ 的自旋向上带在费米能级附近显示出了比较宽的峰值，如图中粗的蓝色线所标示的那样。当引入界面处的 DO$_3$ 无序即 Co-Mn 原子交换无序发生时，其对应的透射情况（用红色粗线标示出来）则展现了非常陡的一个下降趋势，在费米能级附近。换句话说，由于在 L1 层和 L2 层处丧失了半金属性，所以导致了费米面处一个非常低的透射系数值的结果。为具体描述存在于 L2$_1$ 有序体系和 DO$_3$ 无序体系中的这一明显区别，我们用两个箭头（分为蓝色和红色）所指的 $T(E)$ 在 $E = E_f$ 的 2-D-BZ 中的等高值图进行说明，如图 5.3 中左上角和右下角的内插图所示。两张内插图的 $T(E)$ 的分布形状大致相似，然而它们中的 $T(E)$ 值的大小却相差甚远，由每个点的颜色深浅便可看出。颜色越红的地方表明该点的瞬间 $T(E)$ 值越大，反之则越小。两图还有一个共同点，那就是在 Γ 点附近的 $T(E)$ 值都为零。由图 5.3 左上角的内插图可以观察到图中有 12 个分布着高 $T(E)$ 值的区域呈带状分布，并且其他区域的 $T(E)$ 值也仍保持在较高的数量上（>1.0）。反观图 5.3 右下角内插图中 DO_3 的情况则明显衰弱了很多，因为整张图的颜色都几乎是深蓝色，说明对应的情况下透射通道几乎都被阻塞。DO_3 三层膜结构在费米面 $T(E)$ 值（7.064×10^{-12}）大约是 $L2_1$ 有序体系中（9.509×10^{-12}）的 100 倍。究其原因，很可能是由于 DO_3 体系的过大的自旋向下带的费米面处的 DOS 值所致。由于将电极考虑成为半无限长的结构，在 DO_3 体系中的自旋向下通道受到的阻塞作用相对较小，其透射系数就会大很多。同理，很容易推断出在 DO_3 体系中自旋向上和自旋向下的透射系数 $T(E)$ 值在磁场反平行的配置下也会相对较大，因此得出其 MR 比值比 $L2_1$ 有序体系下要小的结论。

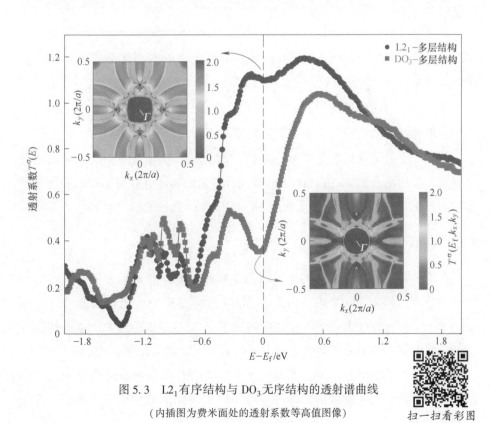

图 5.3 $L2_1$ 有序结构与 DO_3 无序结构的透射谱曲线

（内插图为费米面处的透射系数等高值图像）

表 5.2 所列的分别是电极材料中自旋向上/自旋向下 DOS 值、电极中的自旋极化率、透射系数值和 *MR* 值。很容易比较看出，总体来说 DO_3 体系的性能不如 $L2_1$ 体系下的情况。实验报道的 *MR* 数值在 14.8%～36.4%这一区间内，而我们计算出来的结果则表明最大的 *MR* 值是在完全 $L2_1$ 有序的体系中获得，即为 85.18%；而在界面 DO_3 发生无序的体系中下跌至 4.74%。由此，我们可以推断出以下结论：（1）$L2_1$ 有序的体系中存在的界面效应会导致 *MR* 值从理想值降低 14.82%的幅度（理想值指的是假如电极中保持完全自旋极化的话为 100%）；（2）在材料的制备过程中波动的退火温度可能会导致部分界面处 DO_3 无序度的发生，这种混乱度会加剧 *MR* 值的减小。

表 5.2　两种不同类型的 **CMS(10MLs)/Ag(5MLs)/CMS(10MLs)** 结构的电极区自旋向上和向下的 **DOS** 值、电极自旋极化率值、费米面透射系数值以及计算出来的 ***MR*** 值

结构	$DOS^{\uparrow}$/eV	$DOS^{\downarrow}$/eV	*P*/%	$T_P^{up}(E_f)$	*MR*/%
$L2_1$ 有序	5.37	−0.40	86.13	1.10	85.18
DO_3 无序	6.40	−4.67	15.59	0.37	4.74

实验上，在较高温度（450～550℃）下的退火处理通常是提高 CMS/Ag/CMS 器件 $L2_1$ 有序度的有效办法，通过高温退火可以有效去除形成能较高的无序等缺陷，从而达到最佳的 *MR* 值[13,16]。然而，在此过程中也会伴随着 DO_3 无序的出现[30,31]，只是这种无序由于其形成能太低（0.91eV）[19]而难以消除。所以，室温下获得了最佳 *MR* 值往往总是低于 40%[13,15~17]。如果这时温度继续升高的话，比如达到 600℃的时候，对应的 *MR* 值将会迅速地降为几乎为零的程度[13]，究其原因则是由于 DO_3 无序程度还在进一步增加。

5.4　本章小结

在这一章中，我们借助密度泛函理论和非平衡格林函数方法，通过第一性原理计算，揭示了 $Co_2MnSi/Ag/Co_2MnSi$ 磁性三层膜中低 *MR* 值的可能原因。电子结构计算结果表明了在界面的原子层 L1 和 L2 的地方半金属性遭到了严重的破坏。该 DO_3 类型的界面附近的原子无序能够削减器件的透射效率。界面本身以及界面附近的 DO_3 类型原子无序联合作用是导致低自旋极化率的原因，并最终导致了磁阻值的降低。希望以上研究能够为相应的实验工作提供理论参考。

参 考 文 献

［1］ Valerio E, Grigorescu C, Manea S A, et al. Pulsed laser deposition of thin films of various full Heusler alloys Co_2MnX (X=Si, Ga, Ge, Sn, SbSn) at moderate temperature ［J］. Applied Surface Science, 2005, 247 (1~4): 151~156.

［2］ Grigorescu C E A, Valerio E, Monnereau O, et al. Pulsed laser deposition of Co-based Tailored-Heusler alloys ［J］. Applied Surface Science, 2007, 253 (19): 8102~8106.

［3］ Sakuraba Y, Hattori M, Oogane M, et al. Giant tunneling magnetoresistance in $Co_2MnSi/Al-O/Co_2MnSi$ magnetic tunnel junctions ［J］. Applied Physics Letters, 2006, 88 (19): 192508.

［4］ Wu B, Yuan H, Kuang A, et al. Thermodynamic stability, magnetism and half-metallicity of Heusler alloy Co_2MnX (X=Si, Ge, Sn) (100) surface ［J］. Applied Surface Science, 2012, 258 (11): 4945~4951.

［5］ Sato J, Oogane M, Naganuma H, et al. Large magnetoresistance effect in epitaxial $Co_2Fe_{0.4}Mn_{0.6}Si/Ag/Co_2Fe_{0.4}Mn_{0.6}Si$ devices ［J］. Applied Physics Express, 2011, 4 (11): 113005.

［6］ Tezuka N, Ikeda N, Sugimoto S, et al. Giant tunnel magnetoresistance at room temperature for junctions using full-Heusler $Co_2FeAl_{0.5}Si_{0.5}$ electrodes ［J］. Japanese Journal of Applied Physics, 2007, 46 (5L): L454.

［7］ Takagishi M, Yamada K, Iwasaki H, et al. Magnetoresistance ratio and resistance area design of CPP-MR film for 2~5 Tb/in^2 read sensors ［J］. IEEE Transactions on Magnetics, 2010, 46 (6): 2086~2089.

［8］ Seki T, Sakuraba Y, Arai H, et al. High power all-metal spin torque oscillator using full Heusler Co_2(Fe, Mn)Si ［J］. Applied Physics Letters, 2014, 105 (9): 92406.

［9］ Yamamoto T, Seki T, Kubota T, et al. Zero-field spin torque oscillation in Co_2(Fe, Mn) Si with a point contact geometry ［J］. Applied Physics Letters, 2015, 106 (9): 92406.

［10］ Picozzi S, Continenza A, Freeman A J. Co_2MnX (X=Si, Ge, Sn) Heusler compounds: an ab initio study of their structural, electronic, and magnetic properties at zero and elevated pressure ［J］. Physical Review B, 2002, 66 (9): 94421.

［11］ Brown P J, Neumann K U, Webster P J, et al. The magnetization distributions in some Heusler alloys proposed as half-metallic ferromagnets ［J］. Journal of Physics: Condensed Matter, 2000, 12 (8): 1827.

［12］ Yakushiji K, Saito K, Mitani S, et al. Current-perpendicular-to-plane magnetoresistance in epitaxial Co$_2$MnSi/Cr/Co$_2$MnSi trilayers [J]. Applied Physics Letters, 2006, 88 (22): 222504.

[13] Sakuraba Y, Izumi K, Iwase T, et al. Mechanism of large magnetoresistance in Co$_2$MnSi/Ag/Co$_2$MnSi devices with current perpendicular to the plane [J]. Physical Review B, 2010, 82 (9): 94444.

[14] Kodama K, Furubayashi T, Sukegawa H, et al. Current-perpendicular-to-plane giant magnetoresistance of a spin valve using Co$_2$MnSi Heusler alloy electrodes [J]. Journal of Applied Physics, 2009, 105 (7): 7E905.

[15] Lazarov V K, Yoshida K, Sato J, et al. The effect of film and interface structure on the transport properties of Heusler based current-perpendicular-to-plane spin valves [J]. Applied Physics Letters, 2011, 98 (24): 242508.

[16] Iwase T, Sakuraba Y, Bosu S, et al. Large interface spin-asymmetry and magnetoresistance in fully epitaxial Co$_2$MnSi/Ag/Co$_2$MnSi current-perpendicular-to-plane magnetoresistive devices [J]. Applied Physics Express, 2009, 2 (6): 63003.

[17] Sakuraba Y, Izumi K, Koganezawa T, et al. Fabrication of fully-epitaxial Co$_2$MnSi/Ag/Co$_2$MnSi giant magnetoresistive devices by elevated temperature deposition [J]. IEEE Transactions on Magnetics, 2013, 49 (11): 5464~5468.

[18] Raphael M P, Ravel B, Huang Q, et al. Presence of antisite disorder and its characterization in the predicted half-metal Co$_2$MnSi [J]. Physical Review B, 2002, 66 (10): 104429.

[19] Feng Y, Wu B, Yuan H, et al. Structural, electronic and magnetic properties of Co$_2$MnSi/Ag (100) interface [J]. Journal of Alloys and Compounds, 2015, 623: 29~35.

[20] Kresse G, Furthmuller J. Efficient iterative schemes for ab initio total-energy calculations using a plane-wave basis set [J]. Physical Review B, 1996, 54 (16): 11169.

[21] Julliere M. Tunneling between ferromagnetic films [J]. Physics Letters A, 1975, 54 (3): 225~226.

[22] Žutić I, Fabian J, Sarma S D. Spintronics: fundamentals and applications [J]. Reviews of Modern Physics, 2004, 76 (2): 323.

[23] Maekawa S, Gafvert U. Electron tunneling between ferromagnetic films [J]. IEEE Transactions on Magnetics, 1982, 18 (2): 707~708.

[24] Feng Y, Chen X, Zhou T, et al. Structural stability, half-metallicity and magnetism of the CoFeMnSi/GaAs (001) interface [J]. Applied Surface Science, 2015, 346: 1~10.

[25] Taylor J, Guo H, Wang J. Ab initio modeling of quantum transport properties of molecular electronic devices [J]. Physical Review B, 2001, 63 (24): 245407.

[26] Waldron D, Haney P, Larade B, et al. Nonlinear spin current and magnetoresistance of molecular tunnel junctions [J]. Physical Review Letters, 2006, 96 (16): 166804.

[27] Li Y, Xia J, Wang G, et al. High-performance giant-magnetoresistance junction with B2-disordered Heusler alloy based $Co_2MnAl/Ag/Co_2MnAl$ trilayer [J]. Journal of Applied Physics, 2015, 118 (5): 53902.

[28] Khosravizadeh S, Hashemifar S J, Akbarzadeh H. First-principles study of the Co_2FeSi (001) surface and $Co_2FeSi/GaAs$ (001) interface [J]. Physical Review B, 2009, 79 (23): 235203.

[29] Van de W C G, Neugebauer J. First-principles calculations for defects and impurities: Applications to III-nitrides [J]. Journal of Applied Physics, 2004, 95 (8): 3851~3879.

[30] Kogachi M, Fujiwara T, Kikuchi S. Atomic disorder and magnetic property in Co-based Heusler alloys Co_2MnZ (Z=Si, Ge, Sn) [J]. Journal of Alloys and Compounds, 2009, 475 (1~2): 723~729.

[31] Takahashi Y K, Hase N, Kodzuka M, et al. Structure and magnetoresistance of current-perpendicular-to-plane pseudo spin valves using $Co_2Mn(Ga_{0.25}Ge_{0.75})$ Heusler alloy [J]. Journal of Applied Physics, 2013, 113 (22): 223901.

[32] Li J, Jin Y. Half-metallicity of the inverse Heusler alloy Mn_2CoAl (001) surface: a first-principles study [J]. Applied Surface Science, 2013, 283: 876~880.

6 Co 基 Heusler 合金能带结构特征对磁输运的影响

6.1 引言

Co 基全 Heusler 合金材料，写成化学计量比的式子为 Co_2YZ（其中 Y 组分是过渡金属；Z 组分是 sp 原子），在自旋电子学和自旋电子器件等领域获得了很大的关注。这是因为它们当中有很大一部分数量的材料拥有一种很特殊的物理性质——半金属性，即在自旋向上通道具有典型的金属特质，而在自旋向下通道则在费米面处出现了一个明显的带隙，由此导致了完全（100%）的自旋极化效应[1]。在纳米尺度范围内，一个由铁磁性的导体（Ferromagnetic，F）/非铁磁性导体（Nonmagnetic，N）/F 导体这样一种三层膜结构的三明治器件里，存在着两种不同的非平衡电阻效应：当两个 F 导体处于外磁场平行（P）或者反平行（AP）时，通过三明治器件的电流将有区别，表现出来的就是呈现高阻态和低阻态的物理特征[2,3]。这种奇妙的特征，被人们称为巨大磁电阻效应（Giant Magneto Resistance，GMR）[4]，已被应用在了电流垂直于平面型 GMR 器件中[5~7]。尽管在磁电阻效率方面远不及隧穿磁电阻结（TMR）器件的水平高，但在很多领域 CPP-GMR 型器件始终无法被替代。例如在某些需要超低的面积电阻乘积值（Resistance Area Product，RA）和低能消耗的情况中，TMR 器件就无能为力了，因为它们的中间势垒层是绝缘材料，而高密度的电流或者较高的偏压会击穿 TMR 器件薄薄的绝缘层而致其损坏。一般来说，CPP-GMR 型的磁电阻结器件的 MR 值能够通过考虑进两个因素而提高其性能，一个因素是电极材料 F 的块体自旋反对称系数 β，另外一个则是电极区与中心区交界处的界面自旋反对称系数 γ[8]。采用半金属性材料（如 Co_2YZ 等）作为电极可以比传统电极材料（例如，Co[9]、CoFe 合金[10]和 NiFe 合金[11]）通过提高 β 值而更加有效。同样地，选择合适的中间层材料 N 也可以减小界面处的电阻效应 $R_{F/N}$ 而从根本上提升 γ 值的大小。纯金属铝（Al）由于它具有出色的自旋散射宽度而使得自旋极化电流可以容易地导通却没有任何实质上的损失[12]。因此，Al 往往被视作一种优良的中间层材料。遗憾的是，关于电极与中间层材料的能带匹配这一重要课题在文献上却少有报道[13,14]。在本章中，我们会重点关注电极与中间层材料能带之间的匹配度究竟会对磁性电阻器件（$Co_2YZ/Al/Co_2YZ$ 三层膜结构，其中 Y = Sc，Ti，V，Cr，Mn，Fe；Z = Al，Si，Ge）的输运性质有何影响，采用的研究方法是基于 DFT+NEGF 框架下第一性原理计算模拟。

6.2 计算方法

在电子透射的方向（即沿 Z 轴方向），对 $Co_2YZ/Al/Co_2YZ$ 磁性三明治结构中的散射区（Scattering Region，SR）和部分左（L）、右（R）电极构成的超胞进行了结构弛豫。这个过程是基于密度泛函理论框架，利用第一性原理计算代码 VASP（Vienna Ab-initio Simulation Package）进行的[15]。超胞的结构弛豫完成了之后，在 X 和 Y 轴方向（均垂直于 Z 轴）上保持着相同的晶格常数值，即 $a = b$。这里的 a 和 b 的值又等于块体 Co_2YZ 材料的晶格常数的 $1/\sqrt{2}$，而经过结构优化后的各种 Co 基 Heusler 合金的晶格常数为：Co_2ScSi：0.58634nm；Co_2TiSi：0.57514nm；Co_2VSi：0.56663nm；Co_2CrSi：0.56302nm；Co_2CrAl：0.57093nm；Co_2CrGe：0.57130nm；Co_2MnSi：0.56256nm；Co_2FeSi：0.56207nm。在各超胞的结构优化中，最后都达到了稳定的平衡状态，此时作用在每个原子上的 Hellmann-Feynman 力均小于 0.001eV/nm。对上述磁性 $Co_2YZ/Al/Co_2YZ$ 三明治结构的磁性输运计算采用了 NANODCAL 计算软件，该软件是基于 Keldysh 非平衡格林函数方法[16,17]，而电子波函数则是采用双 ζ 极化（DZP）基组来描述。

6.3 结果与讨论

6.3.1 能带结构与透射系数

图 6.1 展示了能带结构（见图 6.1（a））和电子透射谱（见图 6.1（b））。我们可以通过查看这两张图来研究能带匹配度与电子传输效率之间的关系。具体来说，处于 0eV（即费米能级 E_f）以上和以下附近的 Co_2YZ 电极材料（块体）能带结构的形状与 Al 中间层材料（块体）的形状相互进行对比

将是我们关注的重点。假如 Co_2YZ 的能带结构形状完全跟 Al 的一致（或者叫重叠），那么相应的透射传输系数将会达到一个非常理想的值，该理想值表明这两种材料形成的磁电阻结将非常有利于极化电子的传导。在这里 $Co_2YZ/Al/Co_2YZ$ 结构的传输系数 $T_{P/AP}^{\sigma}(E)$ 可以用下式来描述：

$$T_{P/AP}^{\sigma}(E) = \frac{1}{N^2}\int d^2k_{\parallel}\, T^{\sigma}(\boldsymbol{k}_{\parallel},\ E) \tag{6.1}$$

式中，σ 为自旋向上和自旋向下；P/AP 为磁场配置为平行或者反平行（PC 或者 APC）；$N \times N$ 为在二维（2-D）布里渊区（Brillouin Zone，BZ）中的 sampling 点数量。平面内波函数矢量 $\boldsymbol{k}_{\parallel}$ 可写成分解式 $\boldsymbol{k}_{\parallel} = (k_x,\ k_y)$（$x$ 和 y 分别指沿着水平与垂直的方向上）。电子在费米能级附近的定向运动将形成极化电流，从自旋向上带到自旋向上带（或者自旋向下带到自旋向下带），如图 6.1（a）中的图（2）和（4）（或者图（9）和（13））。由于金属 Al 存在于 SR 的中部，当电子从自旋向上态（或自旋向下态）的费米面附近开始转移的时候，必然需要经过 Al 这个中间层区域，此时的 Al 中间层就好比一个"桥梁"一样，电子通过它后进入到另一端电极中。这样就完成了电子的定向移动，形成了极化电流。我们在图 6.1 中采用红色的小圆圈和红色的箭头符号，描绘出整个电子从左电极经由中心散射区（SR）最后到了右电极（示意图还可参看图 6.3（a））的过程。这里，有一个很重要的参数决定着电子传输系数，即穿过费米面能带上面能值的绝对值最大值 $|E_{max}|$。我们假设纯 Al 的能带跟费米面相交于 $\boldsymbol{P}_0$ 点，而 Co_2YZ 则与费米面有若干个交点，取名为 $\boldsymbol{Q}_i$（$i = 0$、1 或 2），那么上述两点之间的距离可以写成 $d = |\boldsymbol{P}_0 - \boldsymbol{Q}_i|$。下面举例说明：从图 6.1（a）中图（2）和（8）可以看出，Co_2TiSi 中的 d 与 Co_2FeSi 的 d' 有基本相同的值，然而 Co_2TiSi 中的 $|E_{max}| = 0.26eV$ 却明显地小于 Co_2FeSi 的 $|E_{max}| = 1.58eV$。因此，对应的 Co_2TiSi 基 Heusler/Al/Heusler 磁电阻结的透射系数 $T_P^{up}(E_f) = 0.48$ 则明显低于 Co_2FeSi 基 Heusler/Al/Heusler 磁电阻结的透射系数值 $T_P^{up}(E_f) = 1.39$。

对 Co_2CrSi 而言，虽然它与费米面就没有任何交点，但却仍旧有一个适中的 $T_P^{up}(E_f)$ 值（0.30），比 Co_2CrAl 的值（0.26）略大，而该 Co_2CrAl 透射值已经是所有体系中从自旋向上带到自旋向上带中最小的值了。Co_2CrSi 之所以还能有 0.30 的透射系数值，归结于其自旋向上的能带结构 0.16eV 的"赝带隙"（实际上 Co_2CrAl 除了在 $\varGamma - X$ 之外是导电的）实在是太窄了，以至于电

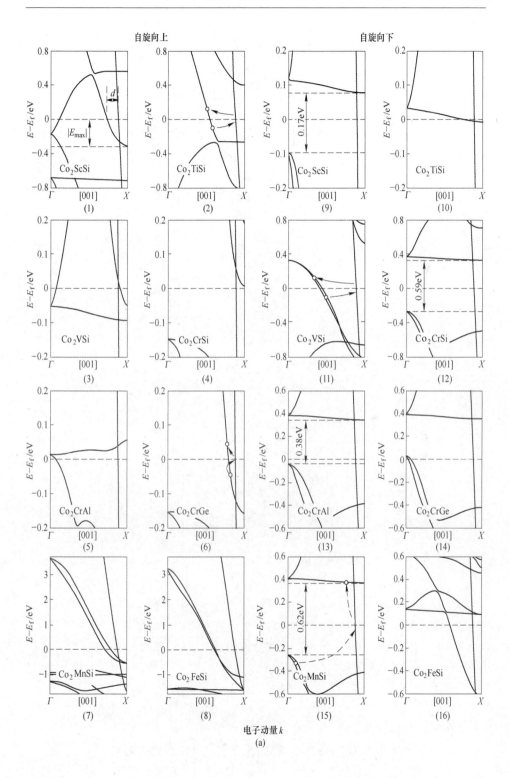

电子动量 k

(a)

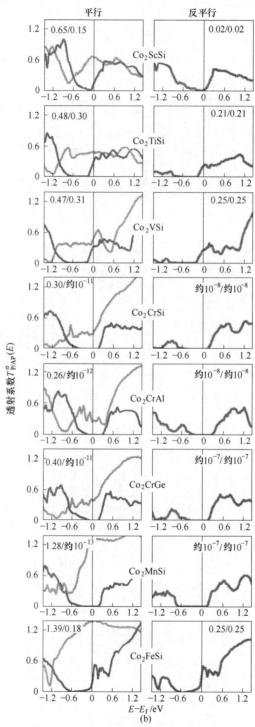

图 6.1 Co 基 Heusler 合金能带特征 （a） 与透射谱曲线 （b）

子能够部分地在导带顶和价带底发生跃迁。接下来分析造成 Co_2CrAl 较低 $T_P^{up}(E_f)$ 值的原因，分为两方面：一方面是由于 Co_2CrAl 的 d 值是所有被考虑的电极材料中自旋向上带里最大的值；另一方面是 Co_2CrAl 的 $|E_{max}| = 0.01eV$ 是所有电极材料中自旋向上带中最低的值。因此，这两方面的因素加在一起，综合导致了最后这样的结果。我们可以认为，假如 d 值越大而 $|E_{max}|$ 越小的话，最终致使透射系数值更小。这也是我们从图 6.1 中可以得到的推论。

在前面我们讨论了电子从左电极自旋向上带到右电极自旋向上带的输运情况，接下来我们即将讨论从自旋向下带（L）到自旋向下带（R）的输运情况。通过对图 6.1 的仔细观察，我们能归纳出自旋向下中的 Co_2YZ 带隙在整个对应的电子输运过程中起着关键性的作用。通过对图 6.1 自旋向下带情况的归纳总结，我们不难发现有 3 种输运模式：（1）类绝缘体型。例如 Co_2CrSi（带隙宽度：$0.59eV$）、Co_2CrAl（带隙宽度：$0.38eV$）、Co_2CrGe 以及 Co_2MnSi（带隙宽度：$0.62eV$）。在它们中间，Co_2CrGe 的能带虽然穿过了费米面（交点非常接近于 Γ 点，如图 6.1（14）所示）但是却拥有所有体系中最大的 d 值，在自旋向下的情况下。并且，它的 $|E_{max}| = 0.03eV$ 也是非常的小，更重要的是，Co_2CrGe 的"赝带隙"很宽，达 $0.32eV$，以至于完全不能算作典型的导体，反而跟绝缘体的特征很相像。（2）类导体型。如 Co_2TiSi、Co_2VSi 和 Co_2FeSi。电子能够非常容易地在这些连续的穿越费米面附近处能带上下跃迁，就像导体一样的特性。（3）类半导体型。如 Co_2ScSi。尽管 Co_2ScSi 在自旋向下带有一个带隙，但是这个值 $0.17eV$ 不是特别大，不能够跟前述（1）类型的相比。从图 6.1（b）中我们也可以把 $T_P^{dn}(E_f)$ 的情况分为 3 组：（1）完全阻塞型。即 Co_2CrSi、Co_2CrAl、Co_2CrGe 以及 Co_2MnSi 的 $T_P^{dn}(E_f)$ 值几乎都为零。（2）无障碍型。即 Co_2TiSi、Co_2VSi 和 Co_2FeSi 的 $T_P^{dn}(E_f)$ 值都比较大，且处于 $0.18 \sim 0.31$ 的范围。（3）部分阻塞型。即 Co_2ScSi 对应的 $T_P^{dn}(E_f)$ 值介于前面所述的（1）类型和（2）类型之间。同理，对于磁场方向反平行（APC）的情况也能够进行与这里类似的讨论。有趣的是，从自旋向上（L）到自旋向上（R）的 $T_P^{dn}(E_f)$ 值跟从自旋向下（L）到自旋向下（R）的值差不多，表明在两种情况下的电子转移的概率相差无几。

6.3.2 不同材料的极化输运

为更加形象地说明所有在费米面处的透射情况，我们在图 6.2 中画出了能量依赖的和自旋依赖的每种 Co_2YZ 基三明治器件的 $T_{P/AP}^\sigma(E_f)$ 等高分布图像。很容易看出在磁场反平行（APC）的情况下，我们讨论的 4 种合金（Co_2ScSi、Co_2TiSi、Co_2VSi 和 Co_2FeSi）基 Heusler/Al/Heusler 磁电阻结的非零值的传导通道分布在 $\boldsymbol{k}_\parallel$ 平面空间上，这意味着它们的 MR 值应该不会太高，因为这大致可以由下式判断出来[18]：

$$MR = \frac{(T_P^{\mathrm{up}} + T_P^{\mathrm{dn}}) - (T_{AP}^{\mathrm{up}} + T_{AP}^{\mathrm{dn}})}{(T_P^{\mathrm{up}} + T_P^{\mathrm{dn}}) + (T_{AP}^{\mathrm{up}} + T_{AP}^{\mathrm{dn}})} \times 100\% \tag{6.2}$$

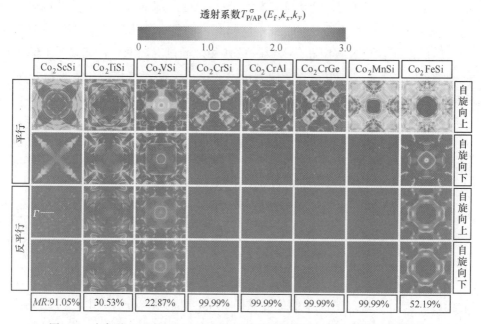

图 6.2 由各种 Co 基 Heusler 合金构成的三层膜结构计算出来的透射花样图

而 Co_2VSi 的值发现只有很低的 22.87%，为所有情况中最低的值，这是由它的所有体系中其最高的 $T_{AP}^{\mathrm{up}}(E_f)$ 和 $T_{AP}^{\mathrm{dn}}(E_f)$ 所导致。更进一步的原因可以归结到其"类导体型"自旋向下带的分布特征。我们再来看看其他体系中的情况。由于自旋向下带的带隙的存在，在 APC 下自旋向下电子的传输是几乎被完全阻塞的，另外的 4 种 Heusler 体系（Co_2CrSi、Co_2CrAl、Co_2CrGe 和 Co_2MnSi）获得了最高的 MR 比值 99.99%。对 Co_2FeSi 块体而言，虽然它具备高磁矩（约 $6\mu_B$）和高居里温度（1100K）等优势[19]，然而，在低温情况下它的自旋极化率据报道称只有 0.5 左右。因此，Co_2FeSi 不被视作典型的半金

属材料[20]。关于 Co_2FeSi 是否具备典型的半金属性，学术界目前尚存在争议，S. Oki 等人声称在实验上观察到 $L2_1$ 结构下其具有高达 0.8 的自旋极化率[21]，而 K. Hamaya 等人认为 Co_2FeSi 的自旋极化率甚至比 Fe_3Si 的还高[22]。我们在图 6.1（16）中可以看到，Co_2FeSi 有一条自旋向下的子能带穿越费米面而且有一个相对较小的 d 值和相对较大的 $|E_{max}|$ 值。尽管 Co_2FeSi 基三明治结构拥有最大的自旋向上的透射值 $T_P^{up}(E_f) = 1.39$，但该 Co_2FeSi 基三明治结构只有 50% 左右的 MR 值。

上面所有的具体讨论可以用图 6.3 来形象地归纳。电子的定向运动发生在费米能级附近，形成了极化电流，通过了三明治结构的 3 个不同的部分：左电极、中心散射区和右电极。图 6.3 中态密度（DOS）简要地描绘了可能被占据的电子态。电子通过的概率与带隙的宽度或者是电极与中心区能带的匹配度有紧密的联系。实际情况是，这个概率是由 Heusler 合金电极与 Al 中心

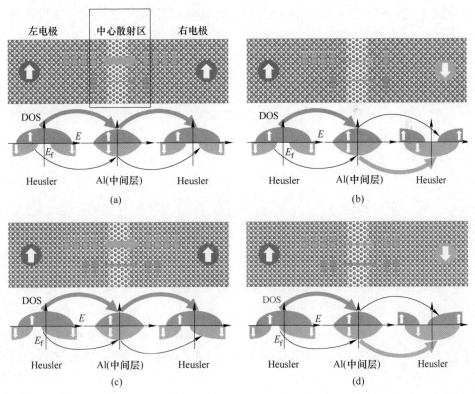

图 6.3　两类不同半金属性 Heusler 合金基三层膜结构的电子输运能力与能带特征的示意图

（a），（b）半金属类型；（c），（d）近半金属类型

层的界面电阻 $R_{F/N}$ 所制约。正是由于作为 $Co_2YZ/Al/Co_2YZ$ 三层膜结构的电极材料的 Co 基 Heusler 合金具备典型的半金属性质和近半金属性质，才使得它们的自旋极化量子输运性质展现出各种不同的特征，如图 6.3 所示的两种类型：完全的（100%自旋极化率）半金属类型如图 6.3（a）和（b）所示与近半金属（自旋极化率<100%）类型如图 6.3（c）和（d）所示。

6.4　本章小结

作为本章的总结，我们回顾一下一系列 Co 基 Heusler 合金 $Co_2YZ/Al/Co_2YZ$（Y=Sc，Ti，V，Cr，Mn，Fe 且 Z=Al，Si，Ge）三层膜结构的电子极化输运性能与作为电极材料的 Co 基 Heusler 合金/中心区 Al 金属的能带匹配度之间的关联性。我们发现 Co_2YZ 和 Al 之间的能带匹配程度，包括能带在费米能级附近的形状，Co_2YZ 和 Al 在费米面交点之间的距离，以及能带上能量的绝对最大值等，都是决定整个磁电阻结输运系数值的重要因素，而极化电流的大小与在整个传输过程中电子转移的概率密切相关。

参 考 文 献

[1] Galanakis I, Mavropoulos P. Spin-polarization and electronic properties of half-metallic Heusler alloys calculated from first principles [J]. Journal of Physics: Condensed Matter, 2007, 19 (31): 315213.

[2] Johnson M, Silsbee R H. Thermodynamic analysis of interfacial transport and of the thermomagnetoelectric system [J]. Physical Review B, 1987, 35 (10): 4959.

[3] Van S P C, Van K H, Wyder P. Boundary resistance of the ferromagnetic-nonferromagnetic metal interface [J]. Physical Review Letters, 1987, 58 (21): 2271.

[4] Binasch G, Grünberg P, Saurenbach F, et al. Enhanced magnetoresistance in layered magnetic structures with antiferromagnetic interlayer exchange [J]. Physical Review B, 1989, 39 (7): 4828.

[5] Yakushiji K, Saito K, Mitani S, et al. Current-perpendicular-to-plane magnetoresistance in epitaxial $Co_2MnSi/Cr/Co_2MnSi$ trilayers [J]. Applied Physics Letters, 2006, 88 (22): 222504.

[6] Kodama K, Furubayashi T, Sukegawa H, et al. Current-perpendicular-to-plane giant magnetoresistance of a spin valve using Co_2MnSi Heusler alloy electrodes [J]. Journal of Applied Physics, 2009, 105 (7): 7E905.

[7] Nakatani T M, Mitani S, Furubayashi T, et al. Oscillatory antiferromagnetic interlayer exchange coupling in $Co_2Fe(Al_{0.5}Si_{0.5})/Ag/Co_2Fe(Al_{0.5}Si_{0.5})$ films and its application to trilayer magnetoresistive sensor [J]. Applied Physics Letters, 2011, 99 (18): 182505.

[8] Valet T, Fert A. Theory of the perpendicular magnetoresistance in magnetic multilayers [J]. Physical Review B, 1993, 48 (10): 7099.

[9] Pratt J W P, Lee S F, Slaughter J M, et al. Perpendicular giant magnetoresistances of Ag/Co multilayers [J]. Physical Review Letters, 1991, 66 (23): 3060.

[10] Reilly A C, Park W, Slater R, et al. Perpendicular giant magnetoresistance of $Co_{91}Fe_9/Cu$ exchange-biased spin-valves: further evidence for a unified picture [J]. Journal of Magnetism and Magnetic Materials, 1999, 195 (2): L269~L274.

[11] Steenwyk S D, Hsu S Y, Loloee R, et al. Perpendicular-current exchange-biased spin-valve evidence for a short spin-diffusion lenght in permalloy [J]. Journal of Magnetism and Magnetic Materials, 1997, 170 (1~2): L1~L6.

[12] Fabian J, Sarma S D. Phonon-induced spin relaxation of conduction electrons in aluminum [J]. Physical Review Letters, 1999, 83 (6): 1211.

[13] Bai Z, Cai Y, Shen L, et al. High-performance giant-magnetoresistance junctions based on the all-Heusler architecture with matched energy bands and fermi surfaces [J]. Applied Physics Letters, 2013, 102 (15): 152403.

[14] Feng Y, Wu B, Yuan H, et al. Structural, electronic and magnetic properties of Co_2MnSi/Ag (100) interface [J]. Journal of Alloys and Compounds, 2015, 623: 29~35.

[15] Kresse G, Furthmuller J. Efficient iterative schemes for ab initio total-energy calculations using a plane-wave basis set [J]. Physical Review B, 1996, 54 (16): 11169.

[16] Taylor J, Guo H, Wang J. Ab initio modeling of quantum transport properties of molecular electronic devices [J]. Physical Review B, 2001, 63 (24): 245407.

[17] Waldron D, Haney P, Larade B, et al. Nonlinear spin current and magnetoresistance of molecular tunnel junctions [J]. Physical Review Letters, 2006, 96 (16): 166804.

[18] Li Y, Xia J, Wang G, et al. High-performance giant-magnetoresistance junction with B2-disordered Heusler alloy based $Co_2MnAl/Ag/Co_2MnAl$ trilayer [J]. Journal of Applied Physics, 2015, 118 (5): 53902.

[19] Wurmehl S, Fecher G H, Kandpal H C, et al. Investigation of Co_2FeSi: the Heusler compound with highest curie temperature and magnetic moment [J]. Applied Physics Letters, 2006, 88 (3): 32503.

[20] Makinistian L, Faiz M M, Panguluri R P, et al. On the half-metallicity of Co_2FeSi Heusler alloy: point-contact andreev reflection spectroscopy and ab initio study [J]. Physical

Review B, 2013, 87 (22): 220402.

[21] Oki S, Masaki K, Hashimoto N, et al. Sign determination of spin polarization in $L2_1$-ordered Co_2FeSi using a Pt-based spin Hall device [J]. Physical Review B, 2012, 86 (17): 174412.

[22] Hamaya K, Hashimoto N, Oki S, et al. Estimation of the spin polarization for Heusler-compound thin films by means of nonlocal spin-valve measurements: comparison of Co_2FeSi and Fe_3Si [J]. Physical Review B, 2012, 85 (10): 100404.

7 总结与展望

7.1 研究总结

借助密度泛函理论和非平衡格林函数方法这两大数学物理工具，我们对 Co 基 Heusler 合金的结构稳定性、各类可能发生的原子无序、异质界面特征以及电子极化输运等内容开展了第一性原理计算研究。这些内容丰富和完善了目前对于 CPP-GMR 型自旋阀器件的理论研究，揭示了无序效应对输运性能的重要影响，为相关实验工作者提供了具有参考价值的借鉴思路。本书的工作可归纳为以下几点：

（1）作为极具潜力的 Co 基 Heusler 合金，它们具备的一系列优势使得其在自旋电子学领域很有应用前景。为了最大程度发挥器件的性能，我们在设计阶段需要合理地选择出最佳的材料搭配。首先，应当选择居里温度相对较高的 Heusler 合金作为电极材料，这样才能在后期的退火处理等过程中保证其不分解为其他形式的物质，从而保持其优良的半金属性不丧失。在本书第 3 章中，在 DFT 框架内开展了对 Co 基 Heusler 合金 Co_2YZ（$Y=Sc$，Cr；$Z=Al$，Ga）（空间群表示为 $Fm\text{-}3m$）理论计算模拟，初步预测其结构稳定性及晶格动力学稳定性情况，特别是该材料在极端条件下服役时的情况。尽管对 Co_2YZ（$Y=Cr$；$Z=Al$，Ga）在常温常压及高压下的计算模拟时发现其具有较为优良的半金属属性，然而在对其声子谱分析时发现其晶格动力学稳定性较差，因而不适宜作为电极材料来使用；而对 Co_2YZ（$Y=Sc$；$Z=Al$，Ga）来说，虽然在高温高压下的热力学性质与德拜定律符合得很好，但是在常温常压及高压下始终不具备典型的半金属性质，从而也不适合作为电极材料。因此，只有同时具备结构稳定性和典型的半金属性质的 Co 基 Heulser 合金才可以作为电极的候选材料。

（2）关于在电极材料中发生原子无序的问题我们进行了详尽的讨论。理论和实验研究发现在大多数情况下原子无序的发生对器件性能的提升来说是不利的，我们发现如果选择 Co 基 Heusler 合金 Co_2MnAl 的话，情况则有所不同。通过使用密度泛函理论和非平衡格林函数方法，系统地研究了 $Co_2MnAl/Ag/Co_2MnAl$ 三层膜结构的界面电子结构及电子自旋极化输运性质（电极与中心区材料空间群均为 $Fm\text{-}3m$），发现当 Co_2MnAl 电极区发生 50% 程度的 Mn-Al 原子交换无序（即 B2 无序）时，器件的电子输运性能不仅没有降低，反而得到了约 30% 的较大幅度提升。由于先前的实验研究指出 Co_2MnAl 电极材料在其制备过程中往往多以 B2 无序形式出现，即 B2 结构的形成能比 $L2_1$ 结构的形成能略低，结合我们的研究结果可以得出如下结论：理论计算表明采用具有 B2 无序结构的 Co_2MnAl 电极材料制备成的 $Co_2MnAl/Ag/Co_2MnAl$ 磁电阻结将会具有较好的磁输运效能，因此可以作为具有良好应用前景的高性能巨磁阻器件而加以重视。

（3）当我们注意到界面处可能发生的原子无序时，发现了另外一些新的有趣现象。考虑到 Co_2MnSi 所具备的高居里温度和宽带隙优势，我们依靠基于密度泛函理论和非平衡格林函数方法的第一性原理计算探讨了 $Co_2MnSi/Ag/Co_2MnSi$ 磁电阻结为何其现实表现不佳的原因（电极与中心区材料空间群均为 $Fm\text{-}3m$）。先前的研究发现，在所有的可能发生的界面无序中，界面处第一层的 Mn 原子与第二层的 Co 原子发生所谓的 DO_3 类型无序效应的可能性最大。对界面附近处电子结构的仔细分析也发现，由于这样的 DO_3 类型无序的存在，导致了界面附近的半金属特性急剧衰减。正是由于在界面本身的原因以及界面 DO_3 类型无序效应的共同作用下，才导致了 $Co_2MnSi/Ag/Co_2MnSi$ 磁电阻结性能的严重衰减。因此，我们认为，为了使得 $Co_2MnSi/Ag/Co_2MnSi$ 磁电阻结发挥较佳的电子输运性能，有必要改良相应的制备方法和调整制备热处理工艺（如控制温度），以尽可能地避免界面处发生 DO_3 原子无序。

（4）为了进一步理清影响 Co 基 Heusler 合金构成的磁电阻结输运系数的因素，我们借助密度泛函理论与非平衡格林函数方法等数学工具开展了一系列的基于 $Co_2YZ/Al/Co_2YZ$ 体系的计算模拟工作（电极与中心区材料空间群均为 $Fm\text{-}3m$）。研究结果表明，输运系数直接与 Co 基 Heusler 合金与中间层金属 Al 的能带结构匹配程度紧密关联。为了表征这种能带结构匹配度我们引入了两个概念，即（1）Co_2YZ 和 Al 在费米面交点之间的距离 $d = |P_0 - Q_i|$ 和（2）横跨费米面能带中能量的绝对最大值 $|E_{max}|$。简单地说，如果 d 越小而 $|E_{max}|$ 越大，则对应的透射系数值越大。这样一来，当我们在设计新的三层

薄膜材料的时候，如何寻找合适的电极材料使之与中心区材料合理搭配便有了规律可循。

　　总之，结合 Heusler 合金基磁电阻结研究中前人已有的实验报道，依靠基于密度泛函理论结合非平衡格林函数理论框架的科学计算手段，我们开展了针对真实情况下原子尺度的理论模拟，总结了电极、界面处原子无序效应对器件性能的制约关系，揭示了各类原子无序效应对器件的影响作用，提出了相应的解决方案，为最终实现对器件输运性能的调控目标提供了一定的理论参考。

7.2　研究展望

　　本书提供了一个关于基于"DFT+NEGF"框架下原子无序效应对 Heusler 合金基磁性电阻结输运性能影响的理论探索思路。虽然我们对该思路展开了较为系统而深入的研究工作，但仍然存在一些缺陷和不足，尤为体现在以下几个方面：

　　（1）在现实中的器件制备过程当中，存在着或多或少、或这或那不同类型（以及混搭）的原子无序效应等因素，将对最终实际性能带来正面或负面的影响。然而，由于条件限制，我们没能详尽地穷举所有可能的无序类型（以及不同类型间的混搭）以最大程度地模拟真实情形。在后续的研究工作中，我们将进一步考虑体系中更复杂、复合型的无序情况。

　　（2）尽管 GMR 型器件具备一些独特的优势，但是其磁阻比值始终远不及 TMR 型器件的值。然而，关于电极无序、界面无序以及复合型无序等效应对 TMR 型器件电子自旋极化输运性质有何影响尚未见相关文献报道。因此，我们接下来的工作目标之一就是针对 TMR 型器件开展原子无序效应对 TMR 器件输运性质影响的理论研究，探寻这类应用得更为广泛的 TMR 器件中输运性能与原子无序之间的关联性。

　　（3）实际上，在原子发生无序重组的过程中，异质界面处的各类原子是否发生扩散效应仍是一个尚未开展的课题。比如，在 $Co_2MnSi/Ag/Co_2MnSi$ 体系中，有实验观测到在 Ag/Co_2MnSi 界面处有少量 Ag 原子扩散到 Co_2MnSi 中，形成 MnAg、AgSi 或 CoAg 等新型的原子结合方式。我们拟对某些可能发生界面原子扩散效应的体系（例如 $Co_2MnSi/GaAs/Co_2MnSi$）中界面处的原子（如 As）的扩散到 Co_2MnSi 电极区的物理现象展开第一性原理模拟计算，以及对

"界面处原子扩散"与"界面处原子无序"两种效应同时发生的磁输运开展研究。

（4）目前，反 Heusler 合金已被证实具有更小的磁矩，因而改变其磁矩所需消耗的能量将更低，研究这种能耗更低的反 Heusler 合金基磁电阻结将是一个全新的课题，我们将着手考虑开展此项研究。

（5）已有文献报道，部分四元 Heusler 合金（例如 CoFeMnSi）具备优良的抗原子无序度的特性，即当四元 Heusler 合金内部发生各种可能的原子无序时，相应的块体自旋极化率仍保持在一个非常可观的水平上，其半金属性质并未遭到多大破坏。该特性对维持四元 Heusler 合金基磁电阻器件输运性能的稳定性（不受原子无序干扰）来说具有很大的应用前景。因此，后续对四元 Heusler 合金基磁电阻结的研究也将会适时开展。

（6）尽管密度泛函理论（DFT）方法在处理含 Co、Mn 等元素的三元 Heusler 合金等磁性材料的理论预测中取得了较大成功，然而在处理含 Fe 等 d 轨道电子存在强关联的体系时就不太适宜了。我们接下来将采用其他更合理（如 DFT+U）的手段来进一步研究含 Fe 体系的相关电子输运问题。

（7）在本书的研究中由于采用的是非平衡格林函数理论框架，相应的左、右电极区采用的则是半无限长的理想模型，而对于实际中的薄膜材料来说，其电极区厚度并非是无限长而是有一定厚度的。因此，针对算法和程序代码的改进方面我们下一步将会考虑设计一套全新的、更切合实际的方案来处理此类复杂问题。